Festschrift Enderlen Springer-Verlag, Berlin-Göttingen-Heidelberg

EUGEN ENDERLEN
1863—1963

Vier Vorträge von
W. Wachsmuth · R. Nissen · L. Zukschwerdt
W. Lutzeyer

Herausgegeben von W. Wachsmuth

Mit einem Porträt
und 7 Abbildungen im Text

Springer-Verlag
Berlin · Göttingen · Heidelberg
1963

ISBN 978-3-642-49608-0   ISBN 978-3-642-49900-5 (eBook)
DOI 10.1007/978-3-642-49900-5

Alle Rechte, insbesondere das der Übersetzung in fremde Sprachen, vorbehalten

Ohne ausdrückliche Genehmigung des Verlages ist es auch nicht gestattet, dieses Buch oder Teile daraus auf photomechanischem Wege (Photokopie, Mikrokopie) oder auf andere Art zu vervielfältigen

© by Springer-Verlag OHG / Berlin · Göttingen · Heidelberg 1963
Softcover reprint of the hardcover 1st edition 1963
Library of Congress Catalog Card Number 63-15653

Die Wiedergabe von Gebrauchsnamen, Handelsnamen, Warenbezeichnungen usw. in diesem Buche berechtigt auch ohne besondere Kennzeichnung nicht zu der Annahme, daß solche Namen im Sinne der Warenzeichen- und Markenschutz-Gesetzgebung als frei zu betrachten wären und daher von jedermann benutzt werden dürften

Vorwort

Seit altersher besteht in der Chirurgie zwischen Meister und Schüler eine besonders enge Beziehung. Dies mag noch aus der Zeit stammen, da die Chirurgie ein Handwerk war und dadurch begründet sein, daß Meister und Gesellen in der operativen Medizin nicht nur eine geistige Gemeinschaft bilden, sondern daß sie durch das gemeinsame Band der inneren Spannung, durch die gemeinsame Erfassung und Überwindung unmittelbarer Gefahrenmomente, ja allein schon durch die gemeinsame physische Leistung mehr aufeinander angewiesen und zusammengefügt sind, als dies in den anderen Fächern der Medizin der Fall ist. So ist auch der Begriff der chirurg. Schule stark ausgeprägt und es entspricht besonderer chirurgischer Tradition, der Meister zu gedenken und sie zu ehren.

Am 21. Januar 1963 fand aus Anlaß des 100. Geburtstages von

EUGEN ENDERLEN
weiland o. Professor der Chirurgie
an den Universitäten Basel, Würzburg und Heidelberg
Geh. Hofrat

ein akademischer Festakt statt, zu dem über 150 deutsche und ausländische Chirurgen sich versammelt hatten. Er wurde im Gartenpavillon, dem alten Theatrum Anatomicum des Juliusspitals abgehalten, einem akademisch traditionsreichen Raume. Die Ehrung galt einem Meister der Chirurgie, einem bedeutenden Forscher und Kliniker und einem großen Arzte, dessen Wirken und Persönlichkeit noch unvergessen ist.

Unter den Gästen fanden sich die Vertreter der Julius-Maximilians-Universität, der Medizinischen Fakultäten Marburg, Basel, Würzburg, Heidelberg, denen ENDERLEN angehört hat, die Präsidenten der Deutschen und der Österreichischen Gesellschaft für Chirurgie, der Vertreter der Schweizerischen Gesellschaft für Chirurgie, die Vorsitzenden der Mittelrheinischen und der Bayerischen Chirurgenvereinigung und der Physikalisch-Medizinischen Gesellschaft zu Würzburg.

Von den Rednern sind WACHSMUTH und ZUKSCHWERDT selbst Schüler ENDERLENS, NISSEN, Nachfolger ENDERLENS auf dem Baseler Lehrstuhl, war ihm als Schüler SAUERBRUCHS persönlich verbunden, LUTZEYER, ein Schüler WACHSMUTHS, hat sich auf dem Gebiete der Transplantationen selbst durch wissenschaftliche Forschung einen Namen gemacht.

Würzburg, den 21. 1. 1963　　　　　　　　　　W. Wachsmuth

Inhaltsverzeichnis

W. WACHSMUTH, Würzburg, Eugen Enderlen, Werk und Persönlichkeit 1

R. NISSEN, Basel, Enderlens Beitrag zur Pathophysiologie und Chirurgie des Magens 17

L. ZUKSCHWERDT, Hamburg, Die Bedeutung der Forschung Eugen Enderlens für die Entwicklung der Kropfchirurgie 27

W. LUTZEYER, Aachen, Enderlens experimentelle Chirurgie als Grundlage der modernen Transplantationslehre . . 43

Veröffentlichungen von Eugen Enderlen 56

Die beiden Zeichnungen — Porträt von Eugen Enderlen und Theatrum Anatomicum — stammen von Herrn JULIUS SYLVESTER PUPP, Würzburg.

Eugen Enderlen
Werk und Persönlichkeit

Von

W. Wachsmuth, Würzburg

THEATRVM ANATOMICVM
MDCCXXVI

Durch das Entgegenkommen des Juliusspitals können wir uns heute in diesem schönen Raume ehrwürdiger Tradition zusammenfinden, in dem Rudolf Virchow zu Anfang der 50er Jahre die Cellular-Pathologie schrieb und Rudolf Albrecht von Koelliker seinen mikroskopischen und embryologischen Studien nachging.

Es ist nicht umsonst, daß wir diesen Raum wählten. In ihm hat auch Eugen Enderlen seinen chirurgischen Operationskurs gehalten, die Vorlesung, die ihm besondere Freude machte.

Als ENDERLEN am 21. Januar 1933 seinen 70. Geburtstag feierte, verbat er sich die Festschrift, die ihm sein Freund SAUERBRUCH schon vorbereitet hatte, er verbat sich alle „Nekrologe", alle Hinweise auf seine „Rüstigkeit" und entzog sich allen Feierlichkeiten, indem er für diesen Tag von Heidelberg nach Bonn flüchtete. Hier verbrachte er ihn bei seinem Schüler v. REDWITZ, den wir heute besonders vermissen und zu dem unsere Gedanken in dieser Stunde in alter Anhänglichkeit gehen, wie er später schrieb „ganz nach seinem Wunsche". Auch dankte er bei dieser Gelegenheit für jeden späteren wirklichen Nekrolog und für Trauerfeiern, bei denen es immer zuviel Weihrauch und zu wenig zu essen gäbe.

Möge er es uns nicht verübeln, daß wir heute, an seinem 100. Geburtstage, über 22 Jahre nach seinem Tode, uns zu seinen Ehren zusammenfinden und damit nachholen, was in den Kriegswirren des Jahres 1940 nicht möglich war. Entsprechend seinem ausdrücklichen Wunsche, ohne alles Aufsehen und in aller Einfachheit von dieser Erde abzutreten, folgten nur zwei seiner Schüler und ein Vertreter seines Freundes SAUERBRUCH damals dem Sarge eines Mannes, der maßgeblich an dem Gebäude unserer modernen Chirurgie mitgebaut, der Hunderte und Aberhunderte die Chirurgie gelehrt und sie für die Chirurgie begeistert und vielen Tausenden durch seine große Kunst Leben und Gesundheit erhalten hat.

Das Leben eines Arztes vollzieht sich nicht in der Öffentlichkeit. Nur mittelbar und oft namenlos wirken sich die Früchte seiner mühevollen wissenschaftlichen Forschung auf die Allgemeinheit aus, während die unmittelbare ärztliche Leistung und die Ausstrahlung seiner Persönlichkeit auf einen verhältnismäßig kleinen Kreis beschränkt und daher zeitgebunden bleibt. So stirbt die Erinnerung selbst an große und bedeutende Kliniker meist mit den von ihnen betreuten Kranken und mit den Schülern. Und nur ganz wenige ärztliche Namen sind unsterblich geworden und stehen über die Jahrhunderte hinweg als leuchtende Fixsterne am ewigen Himmel.

Gewiß gehörte EUGEN ENDERLEN nicht zu diesen und er selbst

hat sich auch niemals zu ihnen gerechnet. Kein genialer Geistesblitz hat seinem Namen Unsterblichkeit verliehen. Sein tiefer Drang nach Erkenntnis aber, seine hingebungsvolle, nach Wahrheit suchende wissenschaftliche Arbeit, seine ärztliche Weisheit und seine menschliche Güte sind ein Vorbild geblieben, das nicht den Zeitumständen unterworfen ist. Darum sollen wir, die wir ihn noch gekannt und verehrt haben, nicht aufhören, sein Bild wieder auferstehen zu lassen und es auch den jüngeren Generationen vor Augen zu halten.

EUGEN ENDERLEN wurde am 21. Januar 1863 als Sohn schwäbischer Eltern in Salzburg geboren. Er studierte von 1882 bis 1887 Medizin an der Universität München und arbeitete dann kurz im Hygienischen Institut bei HANS BUCHNER, dem späteren Nachfolger PETTENKOFERS. Es war dann die Hand OTTO VON BOLLINGERS, die ihn in das Gebiet der Pathologischen Anatomie einführte. Der Einfluß dieses bedeutenden Pathologen hat seine Liebe zur Pathologischen Anatomie begründet und ist für die Arbeitsrichtung seines ganzen Lebens mitbestimmend gewesen. Er hat dies seinem ersten akademischen Lehrer stets gedankt und auch in der diesem gewidmeten Festschrift den Dank zum Ausdruck gebracht, daß er sich unter seiner Führung der wissenschaftlichen Forschung zuwenden durfte.

ENDERLENS erste Arbeit war bereits eine Frucht seiner bakteriologischen und pathologisch-anatomischen Studien. Sie ist zugleich ungemein charakteristisch für seine Arbeitsweise und die Form der meisten seiner späteren wissenschaftlichen Veröffentlichungen. Er untersuchte experimentell den Durchtritt von Milzbrandsporen durch die intakte Lungenoberfläche des Schafes. Ausgehend von der praktisch wichtigen Frage, ob Weidetiere durch Fütterung oder durch Einatmung an Milzbrand erkranken, züchtete er in Fortsetzung von Untersuchungen BUCHNERS hochvirulente Milzbrandsporen und ließ sie vermittels eines besonders konstruierten Inhalationsapparates durch die Versuchstiere einatmen. Um dem Einwand zu begegnen, das Einatmungstier habe die Sporen verschluckt und sei an einer Darminfektion zugrunde gegangen, wurde den Kontrolltieren eine weit größere Menge verfüttert. Der Erfolg war eindeutig: die Einatmungstiere gingen sämtlich binnen kurzem zugrunde, die Fütterungstiere blieben am Leben. Die sorgfältigen histologischen Untersuchungen ergaben am Darm keinen krankhaften Befund, dagegen fand er in den karbunkelähnlich infiltrierten Lungenpartien spärlich, in dem makroskopisch normalen Lungengewebe reichlich Milzbrandstäbchen in den Capillaren. ENDERLEN fühlt sich zu dem Schluß berechtigt, daß manche Fälle von spontanem Milzbrand bei Weidetieren durch Einatmung zu erklären sind. Jahrzehnte später wurde dieser Infektionsweg auch beim Menschen bestätigt. Heute ist die Haderkrankheit als Berufskrankheit in den Wollkämmereien anerkannt.

Ich bin bei dieser ersten Arbeit etwas länger verweilt, weil sie in der praktischen Fragestellung, in der Art der tierexperimentellen Behandlung des Problems, in der Exaktheit der Protokolle und in der Zurückhaltung bei der Formulierung der Schlußfolgerungen so besonders typisch für den Mann und seine Arbeit ist. Seine Forschungsarbeit *„wurzelt"*, wie es MAX PLANCK einmal von der exakten Wissenschaft gesagt hat, *„im menschlichen Leben, aber sie ist mit dem Leben in doppelter Weise verbunden. Denn sie schöpft nicht allein aus dem Leben, sondern sie wirkt auch auf dasselbe zurück"*.

Zwei Arbeiten über Nervenregeneration und über Stichverletzungen des Rückenmarks stammen noch aus der Münchener Zeit. Auch hier sind es – ausgehend von einem beobachteten Fall der Münchener Klinik – wieder tierexperimentelle Untersuchungen an Verletzungen des Rückenmarks von Kaninchen durch eine chirurgische Nähnadel, und die epidurale wie subdurale Injektion frischen Blutes in den Wirbelkanal, die ihn nach sorgfältigen histologischen Untersuchungen zu Schlüssen über Art und Ausdehnung der degenerativen Veränderungen führen.

ENDERLENS Tätigkeit bei dem Chirurgen v. ANGERER war von kurzer Dauer. Zu ihm konnte er keine innere Beziehung gewinnen. So ging er nach Greifswald als Assistent zu HELFERICH, den er stets als seinen eigentlichen chirurgischen Lehrer verehrt hat. Dem Meister und Freund, dem er bis zuletzt die Treue hielt, hat er mit warmherzigen Worten zum 80. Geburtstag alles gesagt, was ein Schüler, nun selbst zum Meister geworden, seinem Lehrer nur sagen kann. – Im Jahre 1895 habilitierte er sich in Greifswald, wechselte jedoch schon 1896, ein Jahr später, nach Marburg, wo er Oberarzt an der KÜSTERschen Klinik wurde.

Die Marburger Jahre waren in mehrfacher Hinsicht für ihn bedeutungsvoll. Wie in München der Pathologe OTTO V. BOLLINGER, so hat ihn in Marburg der Anatom EMIL GASSER in seinen Bann gezogen. Hier entdeckte er seine Liebe zur Normalen Anatomie. In ihr sah er die eigentliche Grundlage der Chirurgie, in ihr wurzelte seine operative Kunst. Sie machte ihn zu dem überragenden Operateur, dessen Technik Weltruf erlangte. Bis in die letzten Jahre scheute sich dieser große Kenner der Anatomie nicht, vor besonderen Operationen noch einmal ein anatomisches Lehrbuch in die Hand zu nehmen, um sich zu unterrichten. Nicht selten sah man ihn auch über der Topographischen Anatomie des alten HYRTL schmunzeln, das sein Lieblingsbuch war und stets neben dem Mikroskop auf seinem Schreibtische lag.

Mit GASSER las er gemeinsam den Operationskurs, die Vorlesung, an der er selbst am meisten hing und die auch den beiden Dozenten unerschöpfliche Anregung bot. Aus dieser chirurgisch-anatomischen Zusammenarbeit entstanden zahlreiche Arbeiten, insbesondere auch der stereoskopische Atlas zur Lehre von den Hernien, in dem sämtliche bei Präparationen gefundenen Hernien auf handkolorierten Photographien dargestellt und einzeln beschrieben sind. Die Schwierigkeiten der Illustration dieses im Jahre 1906 erschienenen Buches sind evident. Um so mehr muß man die unendliche Mühe und Sorgfalt der beiden Autoren bewundern. Weitere Arbeiten aus dieser Zeit befassen sich mit Fragen der Transplantation, mit histologischen Untersuchungen bei der experimentellen Osteomyelitis, mit Harnblasenplastiken, Ureter-Einpflanzungen in den Darm, mit der Invagination des Magens in den Oesophagus, mit der Hepato-Cholangio-Enterostomie. Schon hier beginnen seine Studien über das Zustandekommen der Blasenektopie, die er klinisch bis in seine Würzburger und Heidelberger Zeit fortsetzt.

Als eine Frucht anatomisch-chirurgischer Zusammenarbeit soll hier die bahnbrechende Arbeit ENDERLENS „Ein Beitrag zur Chirurgie des hinteren Mediastinums" erwähnt werden, die er aus dem Anatomischen Institut und der Chirurgischen Klinik veröffentlichte. Anlaß gab die operative Entfernung eines verschluckten Gebisses aus dem Oesophagus auf dem Wege durch das hintere Mediastinum. In dieser über 50 Seiten umfassenden Arbeit gibt er zunächst eine erschöpfende Darstellung der Anatomie des Oesophagus, seiner Lagebeziehungen, seiner Gefäßversorgung auf Grund eigener Präparate und des gesamten vorhandenen Schrifttums. Sodann schildert er, wie er bei einem 29 Jahre alten Manne das Gebiß, welches seit über 4 Wochen 31 cm unterhalb der Zahnreihe sich verhakt hatte, zunächst von einer Gastrostomie aus zu entfernen versucht. Da dies nicht gelingt, legt er eine Magenfistel an und geht nun von hinten extrapleural rechts neben der Wirbelsäule bis auf den Oesophagus vor, entfernt den Fremdkörper aus der Speiseröhre, verzichtet mit Rücksicht auf die gequetschten Wundränder auf eine Naht und legt einen Mikulicz-Tampon ein. Nach Beherrschung eines später auftretenden subphrenischen Abszesses schließt sich die Speiseröhrenfistel spontan und der Mann ist geheilt. ENDERLEN verlangt eine strenge Indikation, er will die Mediastinotomia posterior nur gelten lassen für Fremdkörper und die seltenen tiefsitzenden Divertikel und verlangt, in jedem Falle die Gastrostomie vorauszuschicken.

Wenn der von ENDERLEN gegangene Weg heute, da wir gelernt haben, ohne Schwierigkeiten im offenen Brustraum zu operieren, nur noch historischen Wert hat, so mildert das die Bedeutung seiner Leistung keineswegs. Er hat der Chirurgie des intrathorakalen Oesophagus einen neuen Impuls gegeben.

Hat ENDERLEN auf seinem weiteren Lebensweg auch alle ihn interessierenden chirurgischen Probleme begierig aufgegriffen und bearbeitet, so schälen sich doch schon in dieser Marburger Zeit drei Lieblingsthemen heraus, von denen er nicht wieder loskommen sollte: die Schilddrüse, die Bauchchirurgie, insbesondere die des Magens und der Gallenblase und die Transplantationen.

Mit dem Anatomen GASSER verband ihn bald eine durch die gemeinsamen Interessen und durch gegenseitige Achtung begründete Freundschaft.

Auch ENDERLENS lebenslange Freundschaft mit LUDWIG ASCHOFF und mit LUDOLF KREHL, den er fast zwei Jahrzehnte später in Heidelberg wiedertreffen sollte, geht auf die Marburger Zeit zurück.

Im Jahre 1904 erhielt ENDERLEN, 41 Jahre alt, den Ruf auf den ordentlichen Lehrstuhl für Chirurgie an der Universität Basel, wo er bis 1908 blieb. Diese vier Jahre waren für ihn eine ärztlich, wissenschaftlich und menschlich fruchtbare Zeit. Die Alemannen lernten den wortkargen und doch humorvollen und zuverlässigen Mann bald schätzen. Er faßte schnell Fuß und gewann sich unter den Schweizer Chirurgen und Schülern in kurzem neue und zuverlässige Freunde, die ihm treue Weggenossen bis zu seinem Lebensende blieben, wie etwa ERNST RUPPANNER oder EUGEN BIRCHER. Seine Ernennung zum Ehrenmitglied der Schweizerischen Gesellschaft für Chirurgie war nur ein äußeres Zeichen der inneren Verbundenheit.

Hier in Basel fiel ihm auch ein Student im Examenssemester wegen seines hervorragenden Wissens und seiner Geschicklichkeit auf. Es war GERHARD HOTZ, dem er sogleich nach dem Examen eine Assistentenstelle anbot, den er 1908 mit nach Würzburg nahm und der sein ganzer Stolz wurde. Von der fruchtbaren gemeinsamen Arbeit zeugen Ergebnisse von bleibendem Wert, wie die Versuche über die Parabiose durch Gefäßnaht oder die Ausarbeitung der operativen Technik der Strumaresektion. 1918 verließ HOTZ die gemeinsame Arbeitsstätte in Würzburg, um den Lehrstuhl in Basel zu übernehmen. 1926 starb er im Alter von 46 Jahren an der dritten Magenperforation. Das war ein schwerer Schlag für ENDERLEN. Er hatte, wie er in einem kurzen, ergreifenden Nachruf schrieb, einen treuen Mitarbeiter, seinen besten Schüler und einen lieben Freund verloren.

Wenn ENDERLEN auch schon 1908 wieder Basel verließ, um den Ruf nach Würzburg anzunehmen, so hat er doch zeitlebens der Schweiz und ihren Chirurgen die Treue gehalten.

Auf der Würzburger Berufungsliste hatte ENDERLEN mit Garrè primo et aequo loco gestanden. Das von LEUBE unterzeichnete Fakultätsgutachten weist auf die Vielseitigkeit der wissenschaftlichen Leistung hin und hebt hervor, daß seine mit Geduld, Sorgfalt und großem technischen Können durchgeführten Versuchsreihen wertvolle Beiträge zur Lösung wichtiger Fragen geliefert hätten. Zugleich wird er als vollkommen zuverlässig und treu, ernst und angenehm im Verkehr geschildert.

ENDERLEN sagte die patriarchalische Atmosphäre des alten Würzburg zu und er fühlte sich hier bald zuhause, so daß er den 1911 an ihn ergangenen Ruf nach Königsberg ablehnte. Bald hatte er sich einen großen Freundeskreis geschaffen, in dem wieder der Pathologe, MARTIN BENNO SCHMIDT, eine besondere Rolle spielte. Die Ungezwungenheit der äußeren Formen in diesem weinträchtigen Lande, die frohe Geselligkeit und die liebliche Landschaft, die er schon morgens vor dem frühen Beginn des Dienstes zu Pferde durchstreifte, war so recht nach seinem Herzen, ebenso wie das abendliche Turnen mit seinen Assistenten.

In Würzburg begann für ENDERLEN die Zeit seiner ärztlichen und wissenschaftlichen Ernte. Hier entstanden die Arbeiten über Transplantationen von Gefäßen und Organen, die er gemeinsam mit BORST in München vortrug und in denen er sich auch kritisch zur Technik der Gefäßnaht äußert und Indikationen für die Bluttransfusion aufstellte.

Es entstanden hier weiter die Arbeiten über die Resorption bei Ileus und Appendicitis und über die Anatomie der Struma bei Kropfoperationen, beide gemeinsam mit HOTZ, in der die bis heute allgemein gültige operative Technik festgelegt wurde. Als ENDERLEN in Fortführung seiner Marburger Transplantationsversuche bei einem Kretin des Juliusspitals die Transplantation einer operativ gewonnenen Schilddrüse versuchte, reagierte sein psychiatrischer Kollege RIEGER mit dem verzweifelten Ausruf: „Nun macht mir der ENDERLEN meine schönsten Kretins gesund!" Diese Befürchtung hat sich allerdings nicht bewahrheitet.

Der Weltkrieg unterbrach ENDERLENS Arbeit nicht. Als Generalarzt à la suite ging er ins Feld.

Sein erster kriegschirurgischer Beitrag von entscheidender Bedeutung erschien bereits am 27. Oktober 1914, also noch nicht drei Monate nach Kriegsbeginn in der Münchener Medizinischen Wochenschrift. Entgegen der vorherrschenden Ansicht, die zunächst unter anderen von LUDWIG REHN und KÖRTE vertreten wurde, setzte er sich energisch für die sofortige operative Behandlung der Bauchschüsse, auch durch Infanteriegeschosse, ein und widerriet jedes Abwarten. War der Allgemeinzustand noch befriedigend, so laparotomierte er auch noch nach 15 Stunden. Nach einem Ablauf von 18 Stunden operierte er nicht mehr. Charakteristisch für ENDERLEN ist die Schlußfolgerung aus seinen Erfahrungen, die ich wörtlich anführe:

„Ich möchte auf Grund des vorliegenden kleinen Materiales keine Vorschläge machen, sondern nur anführen, was ich künftig zu tun beabsichtige; sollte ich zu anderer Anschauung bekehrt werden, so werde ich nicht verfehlen, dies mitzuteilen."

Doch er sollte Recht behalten. Seine Auffassung fand bald, wenn auch zunächst nur wenige Anhänger. In dem eindrucksvollen Referate SCHMIEDENS auf der Brüsseler Kriegschirurgentagung im April 1915 kam ENDERLENS Standpunkt voll zur Geltung, den dieser in einer Diskussionsbemerkung nochmals unterstrich. Und schon im Juli 1915 berichtete ENDERLEN gemeinsam mit SAUERBRUCH über 44,4 % Heilungen bei 211 operierten Bauchschüssen. In diesem klassisch zu nennenden Erfahrungsbericht werden bereits die Indikationen herausgearbeitet.

In einer umfassenden, gemeinsam mit seinem Schüler v. REDWITZ verfaßten Darstellung hat er dann später die Schußverletzungen des Magen-Darm-Kanals in SCHJERNINGS Handbuch der ärztlichen Erfahrungen bearbeitet, die über den 2. Weltkrieg hinaus bis heute richtungsweisend geblieben ist.

Als dann durch den Übergang zum Stellungskrieg die chirurgische Arbeit weniger wurde, hielt es ENDERLEN im Felde nicht mehr aus. In einem an das K. B. Kriegsministerium gerichteten Antrag bittet er um Versetzung in die Heimat.

„Operativ", so schreibt er, „war ich nur $^1/_2$–$^3/_4$ Stunde am Tage beschäftigt. Absolut nötig war dies auch nicht, die Arbeit konnte der chirurgisch vorgebildete Stabsarzt des Feldlazarettes auch leisten. Ich mußte in den Kriegslazaretten hausieren gehen, um die Zeit anzuwenden. Es fragt sich, wo ich nützlicher bin, zu Hause bei dem enormen Zustrom von Verwundeten und Kranken oder draußen, wo ich Beschäftigung suchen muß und nur schwer finde. Ich verzichte auf das Gehalt von seiten der Armee. Nach den bisherigen Erfahrungen kann ich in meiner ‚Unabkömmlichkeit draußen' keine besondere Anerkennung finden".

Dem Gesuch, von M. B. SCHMIDT wärmstens befürwortet, wurde stattgegeben. So konnte ENDERLEN seine Tätigkeit am Juliusspital und als akademischer Lehrer in Würzburg beschließen. Die letzten Vorlesungen liest er im S. S. 1918. Den Operationskurs kündigt er lapidar an: „Falls noch Krieg – weniger Stunden, demgemäß niedrigeres Honorar."

Am 30. Mai 1918 erhielt er den Ruf nach Heidelberg, den er – kurz entschlossen – nach fünf Tagen Überlegung annimmt.

„Die Fakultät bedauert lebhaft", heißt es in einer Stellungnahme, „durch seinen Weggang eines ihrer hervorragendsten und verdienstvollsten Mitglieder zu verlieren, umso mehr als für seinen Entschluß vorwiegend die unzureichenden Verhältnisse der Chirurg. Klinik im Juliusspital und die durch den Krieg bedingte Verzögerung des Neubaus im Luitpoldspital bestimmend waren."

ENDERLEN konnte freilich nicht ahnen, daß die neue Klinik schon drei Jahre später von seinem Nachfolger FRITZ KÖNIG bezogen werden konnte, während er auf die Berufungszusage des Karlsruher Ministeriums auf einen Neubau unter zunehmender Resignation bis zu seiner Emeritierung erfolglos wartete. So mußte er sich mit dem aus dem Jahre 1846 stammenden

Klinikgebäude, den Pavillons und Baracken zufrieden geben und alle die mit den mißlichen Verhältnissen verbundenen Erschwerungen der Arbeit und Gefährdungen der Kranken in Kauf nehmen. Er hat während der ganzen Heidelberger Jahre darunter gelitten, daß er den Gästen nur eine Klinik zeigen konnte, „wie sie nicht sein soll" und es doch bitter empfunden, daß sein Nachfolger MARTIN KIRSCHNER sogleich mit dem Bau der neuen Klinik beginnen durfte.

Daß dieser unglückliche Operationssaal, „dessen Grundriß", wie schon BILLROTH geschrieben hatte, „so wenig durchdacht schien, als hätte ein Statthalterei-Baumeister den Plan gemacht" trotzdem zu einem Mekka chirurgischer Kunst wurde, zu dem Chirurgen aus allen Landen pilgerten, war allein der Meisterschaft ENDERLENS zuzuschreiben. Hier in Heidelberg hat er sich gemeinsam mit v. REDWITZ, FREUDENBERG und mit ZUKSCHWERDT experimentell mit der Physiologie und Pathophysiologie des Magens beschäftigt. Entsprechend seiner Freundschaft mit KREHL und dessen Klinik kam es nun auch zur Bearbeitung physiologischer Probleme, bei der ENDERLEN den experimentellen Teil übernahm, wie über die Denervierung des Herzens mit BOHNENKAMP und mit EISMAYER oder die Bedeutung der Ganglia stellata für die Wärmeregulation mit GESSLER.

Einen Markstein in der Geschichte der Gallenchirurgie bildete sein Kongreßreferat 1923, übrigens das einzige Referat, das ENDERLEN vor dem Deutschen-Kongreß gehalten hat. Mit Entschiedenheit vertritt er die Frühoperation. Sätze wie

„Nicht die Operation, ihre verspätete Ausführung ist gefährlich" oder

„Verdacht auf Carcinom ist keine Gegenanzeige,"
haben auch heute noch die gleiche Gültigkeit. „Erzogen in der Furcht vor Gott und dem Peritoneum" empfiehlt er nur in Ausnahmefällen den primären Verschluß und zieht in der Regel eine vorübergehende Drainage vor. Bei intraoperativen Choledochusverletzungen oder bei Stenosen empfiehlt er die Einpflanzung des Choledochus mit transduodenaler Drainage. Die vorsichtige Dilatation der Papille wird empfohlen, die Gallengangs-

drainage nur bei morscher Choledochuswand und schwer infizierter Galle angewandt.

Manches ist in den seit diesem Referat verflossenen 40 Jahren hinzugekommen, die Grundzüge sind aber bis heute unverändert bestehen geblieben.

Den 49. Kongreß unserer Gesellschaft im Jahre 1925 präsidierte er, 1933 wird er zum Ehrenmitglied gewählt. ROEPKE hatte ihn mit den Worten vorgeschlagen: „Jedem unter uns ist er ans Herz gewachsen . . ."

Ausgerechnet am Ostersonntag 1932 erhält er im gelben Kuvert, mit Tintenstift beschrieben, die Emeritierung. „Die Altersgrenze ist dehnbar wie der Stiftungsbrief von JULIUS ECHTER von Mespelbrunn" schreibt er an den Freund. Noch ein Jahr läßt er sich bewegen, den Lehrstuhl zu vertreten, dann lehnt er jede Verlängerung ab. Die äußeren, ihm so wesensfremden Verhältnisse – es ist März 1933 – erleichtern ihm den Entschluß. „Meine Frau sagt immer: ‚Tue, was du willst, du wirst es bereuen'." Mit einem Fackelzug, bat er, möge man ihn verschonen. Nur um das Operieren ist's ihm leid, „das geht noch ganz gut". „Aber 's ist doch eine verfluchte Sache, wenn man zu nichts mehr nutz und die ganze Tätigkeit mit Waschen und Rasieren beendet ist."

So zieht er nach Stuttgart und schwört, niemals mehr den Boden einer Klinik zu betreten. Die glückliche, ihn ganz erfüllende Zeit seines Lebens war vorbei. Seine Lebenskurve war, ohne Remissionen, bisher langsam und stetig angestiegen. Aber:

Alles geben die Götter, die unendlichen,
Ihren Lieblingen ganz:
Alle Freuden, die unendlichen,
Alle Schmerzen, die unendlichen, ganz.

Auch ENDERLEN mußte den bitteren Kelch bis zur Neige leeren. Das „sogenannte Otium" hatte er sich anders vorgestellt. Er selbst hatte schon in der letzten Heidelberger Zeit einige Herzanfälle überstanden, nun machte sich das Herzleiden immer mehr bemerkbar. Vor allem aber überschattete die letzten Jahre das zunehmende Leiden seiner Frau, die an den Folgen einer Polyarthritis litt und fest ans Bett gefesselt war. – „Ich muß daran denken, das Haus zu bestellen", schreibt er dem Freunde zum Abschied in einem letzten Brief. Er selbst diagnostiziert als Ursache des eigenen Ileus das Sigmacarcinom und stellt die Indikation zur palliativen Entlastung. Seine Frau nimmt von der Bahre aus, die neben sein Bett ins Krankenhaus gefahren wird, Abschied von ihm. Er stirbt wenige Tage nach dem Eingriff am 7. Juni 1940.

Meine Damen und Herren – wie war der Mann beschaffen, der ein Meister der Chirurgie war, ein unermüdlicher Forscher, ein Arzt, der das Vertrauen unzähliger Kranker genoß, ein Mensch, dem Freunde und Schüler aufs innigste verbunden waren?

„*Tätiger Sinn, das Tun gezügelt*" –
Wenn je dieses schöne Goethewort auf einen Mann paßte, so auf EUGEN ENDERLEN. Fleiß und Selbstdisziplin waren die charakteristischen Merkmale seines Lebens. Wie ein Uhrwerk lief sein Tagwerk ab. Gleichgültig, wann er den Operationssaal mittags verließ, am Nachmittag stand er pünktlich im Tierlabor. Wie ein Uhrwerk lief auch die einzelne Operation ab. Nie wurde gehastet, mit absoluter Präzision folgte ein Handgriff dem anderen. Dazu herrschte Totenstille und es konnte sehr wohl geschehen, daß ENDERLEN eine Operation unterbrach und wartete, bis einem erschrockenen Gast das Flüstern verging. Chef, Assistenten und Schwestern bildeten eine Operationsgemeinschaft, die sich ohne Worte verstand.

Vielleicht liegt die Erklärung für die Schule, die ENDERLEN hinterlassen hat, in der Typisierung der Eingriffe. Weit entfernt von hohlem Schematismus soll sich vielmehr gerade auf dieser sicheren Grundlage eine weitgehende Anpassungsfähigkeit an den Einzelfall entwickeln.

An der eigenen Weiterbildung arbeitete er unaufhörlich und es verging kaum ein Urlaub, in dem er nicht einem Kollegen über die Schulter blickte. Mit besonderer Achtung sprach er von CÉSAR ROUX, den er wiederholt in Lausanne besuchte und dessen Operationstechnik er bewunderte.

Zu dem *„gezügelten Tun"* gehörte auch seine absolute Wahrheitsliebe. Wie jedes Vertuschen in der Klinik zur Katastrophe, jedes Eingeständnis eines Fehlers zu freundlichen, ja väterlichen Ratschlägen führte, so war er selbst in Fragen der Wahrheit kompromißlos. Als unvergleichlicher Kenner des Schrifttums hat er sich so in unzähligen Diskussionsbemerkungen und Referaten zu einem gefürchteten Zensor gemacht. Wenn LICHTENBERG sagt:

„Es ist fast unmöglich, die Fackel der Wahrheit durch ein Gedränge zu tragen, ohne jemandem den Bart zu sengen",

so muß man zugeben, daß ENDERLEN viele Bärte versengt hat. Sein gelegentlich über einen Kollegen gesprochenes Urteil

„Multa, non multum"

war kurz, aber vernichtend.

So scharf aber ENDERLENS Kritik auch sein mochte, sie war immer sachlich. Persönliche Animositäten kannte er nicht. Ihn zeichnete eine ausgesprochene Noblesse aus. Er war selbst von größter Bescheidenheit, Zurückhaltung, ja fast Schüchternheit. Er verbarg sie hinter einer rauhen Schale. Seine Wortkargheit wurde nur gelegentlich durch eine humorvolle Bemerkung unterbrochen. Für die Assistenten war es dann, wie wenn durch eine Wolkenlücke plötzlich ein wärmender Sonnenstrahl hervorleuchtete, der sich aber sofort wieder verkroch. Die Zahl seiner, nun schon zu Anekdoten gewordenen, kurzen, trockenen, oft sarkastischen, aber immer treffsicheren Bemerkungen ist Legion.

Wenn je ein Beweis notwendig war, daß nicht äußere Liebenswürdigkeit und Bequemlichkeit des Umgangs jahrzehntelang dauernde Freundschaften begründen, zudem daß alle wirklich echten und beständigen Beziehungen zwischen den Menschen auf der Erkenntnis des inneren Wertes des Anderen beruhen, durch ENDERLEN ist dieser Beweis erbracht worden.

EUGEN ENDERLENS Werk und Persönlichkeit repräsentieren eine andere Zeit, die Zeit des ausgehenden 19. und des beginnenden 20. Jahrhunderts. Es war nicht etwa nur „die gute alte Zeit", denn die Polarität von Freude und Leid, von Glück und Unglück, von Erfolg und Mißerfolg liegt im Menschen selbst und ist naturgegeben. Aber diese Zeit unterschied sich doch sehr wesentlich von der heutigen.

Die Grundlage der Arbeiten „ENDERLENS" war die Morphologie. Auf ihr errichtete er mit experimentellen Methoden, zuzammen mit seinen Zeitgenossen, den Bau der modernen klinischen Chirurgie. Die Kraftströme, die ihr heute zufließen und ihr Gestalt geben, kommen aus anderen, dem Chirurgen viel ferner liegenden Quellen. In einer stürmischen Entwicklung ohnegleichen empfängt sie ihre Impulse von der Physiologie, von der Physik, der Chemie.

ENDERLEN war noch ein Meister der gesamten Chirurgie, einer der großen Kliniker alten Stils, die den Ruf der deutschen Medizin in der Welt begründet haben. Heute befinden wir uns – notwendige Folge der unabdingbaren Spezialisierung – in einem Prozeß der zunehmenden Aufsplitterung, in dem auch der Beste nur Meister in einem Teilfach werden kann. Aber wohin die weitere Entwicklung führt, wissen wir nicht. Sorgfältig haben wir jedenfalls darauf zu achten, daß das Band, das die einzelnen Teile zusammenhält, nicht verloren geht, soll nicht das Ganze seinen ärztlichen Sinn verlieren.

Auch als Mensch war EUGEN ENDERLEN gewiß ein Repräsentant seiner Zeit: er hatte das, was dem Menschen unserer Zeit abgeht: er ruhte in sich selbst. Seiner Bescheidenheit war jedes Hinauszerren in die Öffentlichkeit verhaßt, seiner Gründlichkeit jedes vorschnelle Publizieren, seiner Wahrheitsliebe jede voreilige Schlußfolgerung. Er hatte noch Zeit für seine Freunde und erstickte nicht sein eigenes Leben, wie wir es im Gehetze unserer Tage tun. Deshalb ist es gut, sich der damaligen Zeit und ihrer großen Meister zu erinnern, damit wir in den heutigen Stürmen nicht den Boden unter den Füßen verlieren und in einer naturwissenschaftlich und geistig revolutionären Zeit ohnegleichen nicht ihr Werk und damit die Zukunft der klinischen Medizin gefährden.

Dazu bedarf es eines klaren Kurses.

Auch auf uns und unsere Zeit passen die Worte Egmonts:

„*Wie von unsichtbaren Geistern gepeitscht, gehen die Sonnenpferde der Zeit mit unseres Schicksals leichtem Wagen durch, und uns bleibt nichts, als mutig gefaßt die Zügel fest zu halten und bald rechts, bald links, vom Steine hier, vom Sturze da, die Räder abzulenken. Wohin es geht, wer weiß es? Erinnert er sich doch kaum, woher er kam.*"

Literatur

BUCHNER, H.: Untersuchungen über den Durchtritt von Infektionserregern durch die intakte Lungenoberfläche. Arch. Hyg. (Berl.) 8, 145—165 (1888).
KÖRTE, W.: Bauchschüsse. Münch. med. Wschr. 1915, 604; — Bruns' Beitr. klin. Chir. 96, 509—511 (1915).
REHN, L.: Erfahrungen eines beratenden Chirurgen. Bruns' Beitr. klin. Chir. 96, 116—454 (1915).
RÖPKE, W.: Langenbecks Arch. klin. Chir. 177, 183 (1933).
SCHMIEDEN, V.: Bauchschüsse. Münch. med. Wschr. 1915, 604—605; — Bruns' Beitr. klin. Chir. 96, 511—521 (1915).

Enderlens Beitrag zur Pathophysiologie und Chirurgie des Magens

Von

R. Nissen, Basel

Am 100. Geburtstag des Meisters als Basler Kliniker sprechen zu dürfen, betrachte ich als eine besondere Auszeichnung.

Zur Feier des 70. Geburtstages hat v. Redwitz den Satz geschrieben: „Die Basler Zeit hat Enderlen stets als seine beste und glücklichste bezeichnet. Dort wurde auch der erste Grund zu einer späteren Schule gelegt".

In der Tat ist trotz des großen Abstandes von fast sechs Jahrzehnten die Erinnerung an die drei Jahre seiner Tätigkeit im Bürgerspital Basel noch heute lebendig: Seine Büste hat man, vielleicht symbolisch gedacht, im Treppenhaus aufgestellt, das medizinische und chirurgische Klinik gemeinsam haben. Ich darf in diesem Zusammenhang auch auftragsgemäß die Verbundenheit und Verehrung betonen, welche die Schweizerische Gesellschaft für Chirurgie ihrem Ehrenmitglied Enderlen gegenüber empfindet.

Bei unserer Neigung, bekannten Persönlichkeiten ein bündiges Charakteristikum zu geben, ist Enderlen als einer der begnadetsten Operateure in die Geschichte unseres Faches eingegangen – so ungefähr, als ob sich seine Leistung im Operativtechnischen erschöpfte.

Experimentelle Arbeiten zeigen indessen, daß er seine manuelle Geschicklichkeit gern in den Dienst pathophysiologischer Probleme stellte, und die Untersuchungen, die er mit Freudenberg und v. Redwitz über Verdauungsänderungen nach Magen-Darmoperationen ausführte, sind wohl auf dieser Basis entstanden. Da es sich hier um Experimente handelt, die chirurgische Fragen nicht, wie bis dahin üblich, vom operativtaktischen oder pathologisch-anatomischen Standpunkt, sondern von dem der postoperativen Funktionsumstellung lösen sollte, darf die Arbeit als ein Pionierwerk auf dem Gebiete der Magen-Darmchirurgie betrachtet werden. Die Bedeutung der Untersuchungen wird nicht dadurch vermindert, daß die Anregung dazu von FREUDENBERG kam, der den Beginn der Zusammenarbeit für ENDERLEN – für beide bezeichnend – beschrieben hat.

Er ging als junger Assistent der Heidelberger Kinderklinik zu ENDERLEN, legte ihm den Versuchsplan vor und bat ihn, einen Assistenten zu designieren, der die Operation an den Tieren vornehmen könnte. FREUDENBERG ist noch heute als fast 80jähriger Emeritus beeindruckt von der kurz angebundenen Liebenswürdigkeit wie er sich ausdrückte, mit der ENDERLEN, damals auf der Höhe seiner Laufbahn stehend, ihn empfing. "Wissens, Herr Kollege, das mach ich Ihnen gleich selber" war ENDERLENS Antwort.

Die Arbeit trug den Titel: „Experimentelle Untersuchungen über Änderung der Verdauung nach Magen-Darmoperationen". Sie beschäftigt sich mit sekretorischen Umstellungen, die durch die damals üblichen Operationsmethoden am gesunden Tier hervorgerufen waren: Die Gastroenterostomie, ihre SCHMILINSKYsche Modifikation, bei der nach Durchtrennung der ersten Jejunumschlinge die Duodenalsäfte in den Magen eingeleitet werden, die Resektionen nach Billroth I und Billroth II, die Pylorusausschaltung nach EISELSBERG und schließlich die *vollständige Einleitung allein der Galle* in den Magen, eine Methode, die dazu angetan ist, Duodenalsaft ohne das tryptische Pankreasferment mit dem aktiven Magensaft in Verbindung zu bringen.

Grundsätzlich neu war die Betrachtung der aus der Sekretprüfung sich ergebenden pH-Verhältnisse.

Ein großer Teil der Untersuchungen sollte den Wert der ROUXschen Vorstellung von der inneren Apotheke prüfen. Sie wurde damals von Vielen als überzeugendste Erklärung für eine günstige Wirkung der Gastroenterostomie betrachtet. Die Arbeit von ENDERLEN und seinen Mitarbeitern hat diese Theorie in einer Weise widerlegt, daß ihre lange weitere Lebensfähigkeit kaum verständlich ist. Weder die Einleitung des ganzen Duodenalsaftes in den Magen, noch die nach BOGÁRAS genannte therapeutische Magen-Gallenblasenfistel, erreichten eine Neutralisation des Magensaftes.

Man hat später den Einwand gemacht, daß alle diese Untersuchungen nicht am denervierten Magen ausgeführt wurden: mancher Effekt mag darum vielleicht der psychischen Phase und nicht einer Änderung der Sekretion in der chemischen Phase zuzuschreiben sein. Ebenso mögen, wie man sagt, Fehlerquellen darin liegen, daß die Sekretions*mengen* in den meisten Fällen nicht erfaßt wurden und daß nur die Verdauungskraft, geteilt in peptische und tryptische, nicht der *wirkliche Fermentgehalt* gemessen wurde. Aber hier handelt es sich eben um den ersten Versuch einer experimentellen chirurgischen Pathophysiologie, die auch bei der laboratoriumsmäßigen Analyse Neuland zu bereiten hatte.

Die Ergebnisse, auf deren Einzelheiten ich nicht einzugehen habe, erlauben die erstaunliche Feststellung, daß fast in jeder Versuchsreihe die Wirkung des Gastrinmechanismus, also der Schlüsselpunkt der heutigen Betrachtung der lokalen Ulcusgenese sehr exakt beschrieben wird; nur fehlt die letzte Schlußfolgerung, daß hier eine *hormonale* Wirkung des Antrums vorliegt. In der Tat könnte man an das Ende verschiedener Versuchsreihen den Satz stellen: „Damit ist der Gastrineffekt bewiesen", so in den Experimenten der Galleneinleitung in den Magen, der SCHMILINSKYschen Operation, der Antrumresektion, und – als experimentum crucis – in den Versuchen mit der EISELSBERGschen Pylorusausschaltung.

Warum bei Hunden mit *Gastroenterostomie* weder peptische noch tryptische Verdauung nachweisbar war, warum also der Gastrinmechanismus hier nicht gespielt hat, ist unklar. Der Befund steht auch im Gegensatz zur Häufung des Ulcus pepticum jejuni nach Gastroenterostomie beim Menschen.

Es ist ja bekannt, daß 1922, als diese Untersuchungen angestellt wurden, die 1906 von EDKINS hypothetisch angenommene antral-hormonale Kontrolle der Magensekretion von

Nachuntersuchern abgelehnt und ziemlich schnell in einer Flut unerfreulicher Kontroversen begraben worden war. Erst 1945 und 1948, also fast 25 Jahre nach ENDERLENs Experimenten, erschienen die eindeutig beweisenden Arbeiten von UVNÄS, bzw. GROSSMANN und Mitarbeitern. Im Lichte dieser neueren Ergebnisse darf festgehalten werden, daß ENDERLEN und seine Mitarbeiter auch bereits *Einzelheiten* der Gastrinmobilisierung eingehend beschrieben haben: wie die Auslösung durch lokalen Kontakt des Antrums mit Eiweiß, das Fortbestehen, wenn das Eiweiß den Magen schon verlassen hat.

Die ENDERLEN-FREUDENBERG-REDWITZsche Versuchsreihe wurde in den 40 Jahren, die seitdem vergangen, durch Trennung der nervösen von der humoralen Sekretion ergänzt und erweitert. 1932 haben ENDERLEN und ZUKSCHWERDT die Rolle von Antrum und Pylorus – wiederum sehr eindeutig im Sinne der Gastrinwirkung – experimentell untersucht und geklärt.

Ein bis heute nicht gelöster Widerspruch betrifft die Rückwirkung des oberen Dünndarmes auf die Magensekretion. ENDERLEN und seine Mitarbeiter haben – auch in klinischen Fällen – einen sekretionssteigernden Einfluß der Jejunalfüllung gefunden. Die Autoren indessen, die aus dem Dünndarmwandextrakt das Enterogastron isolierten, sehen in ihm einen hemmenden Faktor – eine Art Gegenspieler des Gastrins. Aber erst die letzten 10 Jahre haben die chemische Eigenart des Gastrins, die energetischen Voraussetzungen der Salzsäureabsonderung und den Aufbau von einigen der sicher sehr zahlreichen biologischen Substanzen, z. B. des sog. intrinsic-Faktors geklärt:

Wir sahen, daß die experimentellen Arbeiten Fragen und Antworten gewidmet waren, die Ordnung in das etwas verwirrende Bild der Ulcuschirurgie der damaligen Zeit bringen sollten. In der Tat hat die *taktische Gestaltung der Operation* des Magen-Duodenalgeschwürs ENDERLEN fast 40 Jahre beschäftigt. Die Reihe der Arbeiten beginnt mit einer histologischen Untersuchung über das Schicksal von Netz, das zur Deckung von Magenperforationsöffnungen frei transplantiert wurde. Er gibt den Wert des Verfahrens mit einiger Skepsis zu, und das ist etwas, was seine klinische Beobachtung charakterisiert: ein nüchternes Empfinden für die Unzulänglichkeiten der Eingriffe – wenn man so will *aller* Eingriffe beim Ulcus: „Das Geschwür entfernen wir, die Disposition lassen wir zurück und die macht uns leider oft zu schaffen". Das ist in der einfachen Formulierung, die er liebt, der Ausklang seiner Erfahrungen.

Die Entwicklung seiner Indikation und Technik läßt sich gut verfolgen: in zwei Publikationen, 10 Jahre voneinander getrennt, hat er zur Chirurgie des peptischen Geschwürs Stellung genommen, in der 1922 publizierten Arbeit zusammen mit v. REDWITZ und 1933 mit ZUKSCHWERDT als Mitverfasser. Während in der ersten Arbeit die Überlegenheit der Resektion betont und gerade auf Grund der eigenen experimentellen Untersuchungen begründet wird, schwierige lokale Bedingungen aber, höheres Alter und ungünstiger Allgemeinzustand als das Gebiet der Ausschaltungsverfahren anerkannt werden, spricht sich die 1933 verfaßte Arbeit, die anscheinend seine letzte wissenschaftliche Äußerung darstellt, kompromißloser für die Radikaloperation aus.

Aus der Zeit der Vollendung stammen einige Mahnungen, die heute nicht weniger beherzigenswert sind als vor 30 Jahren. Ich zitiere sie: „Eine Frühoperation gibt es nur beim perforierten Ulcus". „Bei der Blutung behandeln wir mit Bluttransfusion und operieren nach der Erholung des Patienten, wenn es möglich ist." „Je länger die Ulcuskrankheit gedauert hat, desto besser sind die chirurgischen Resultate; nach der Resektion von alten kallösen Geschwüren sind sie darum am besten."

Die anscheinend grundsätzliche Bevorzugung der vorderen Gastroenterostomie und kurzschließenden Braun'schen Anastomose beim Billroth II hat zu ENDERLENs Zeiten nur wenige Anhänger gefunden, und als gar die MANN-WILLIAMSONschen Experimente und ihre WANGENSTEENsche Erweiterung publiziert wurden, schien das Urteil über die Unzulänglichkeit dieser Art von Magen-Darmverbindung gesprochen zu sein.

Seit über 30 Jahren haben meine Mitarbeiter und ich eben im Vertrauen auf die ENDERLENschen Früh- und Spätresultate daran festgehalten, und wir haben gewiß nicht mehr, eher weniger Anastomosengeschwüre danach gesehen als nach den anderen Magen-Darmverbindungen. Als ich MANN einmal auf diesen Widerspruch zwischen Tierversuch und klinischer Beobachtung hinwies, schrieb er mir: "it is not the stomach, it is the brain cortex which makes all the difference".

Man wird – verglichen mit heute – in den Arbeiten von ENDERLEN und seinen Schülern wie ZUKSCHWERDT und HORSTMANN und anderen eine auffällig große Zahl von sog. *Ausschaltungsresektionen* beim schwer resezierbaren Ulcus duodeni finden. In der Tat haben die Anhänger von FINSTERERs Operation hier und jenseits des Ozeans sich oft auf ENDERLENs unbestrittene technische Meisterschaft berufen, um ihren Standpunkt der lokalen Inoperabilität zu verteidigen. Diese wird in der schon zitierten abschließenden Arbeit von ENDERLEN und ZUKSCHWERDT aus dem Jahre 1933 mit 18 % angegeben.

Man findet aber in den Angaben über die Technik der Ausschaltungsresektion den Satz: „Wir gehen bei der Resektion zur Ausschaltung, wenn es sich beispielsweise um ein ins Pankreas penetrierendes Ulcus duodeni handelt, mit der Resektion mitten durch das Ulcus. Dadurch können wir in den meisten Fällen den Pylorus entfernen. Den dann erhaltenen sehr kleinen Querschnitt im Duodenum kann man nach Verschluß mit fortlaufender Naht sehr leicht in das nach unten sehr viel weitere Duodenum einstülpen. Geht dies ausnahmsweise nicht, so hat man immer noch die Möglichkeit, die fortlaufende Naht, die das Duodenum verschließt, so zu decken, daß Duodenalvorderwand mit der in diesen Fällen immer stark schwielig verdickten Pankreaskapsel vereinigt wird. Dieses Vorgehen erscheint uns sicherer und einfacher als mancher der neueren Vorschläge."

Das was hier beschrieben ist, wird von anderen Chirurgen nicht als ausschaltende, sondern als radikale Resektion bezeichnet, weil eben das Duodenum die Verbindung mit Geschwürsboden und Antrum verliert. Eine Korrektur der Operationsbezeichnung hätte wahrscheinlich gezeigt, daß schon zur Zeit der Publikation dieser Übersicht im November 1933, die Zahl der FINSTERERschen Resektionen wesentlich kleiner gewesen ist, als die oft zitierte Zahl von 18 %.

Die Unsicherheit in der Nomenklatur hat ENDERLEN dazu geführt, sich gelegentlich dezidiert für die Ausschaltungsresektion auszusprechen.

Der Freundlichkeit von Herrn Dr. JACOB, Davos, verdanke ich das von ENDERLEN mit kurzen Randbemerkungen versehene Exemplar eines Buches über „Chirurgische Indikationen", das im Jahre 1936 in Holland erschien. Hier findet sich neben der Wendung „Fragwürdigkeit der Palliativresektion" im Sinne FINSTERERS von seiner Hand ein Fragezeichen und hinter dem Satz „Die Resektion tiefsitzender Duodenalulcera ist, wenn man

> Daß man, wenn schon die Resektion ausgeführt wird, auch das Ulcus entfernt, erscheint selbstverständlich. Trotzdem hat sich ein großer Teil erfahrener Chirurgen beim tiefsitzenden Ulcus duodeni für die sog. „Palliativoperation" eingesetzt. Schon oben wurde auf die Fragwürdigkeit dieses Verfahrens hingewiesen. Seine Verteidiger führen als wesentlichsten Grund die relative Gefahrlosigkeit an — im Gegensatz zu
>
> der Resektion tiefsitzender Duodenalulcera, die mit reichen unmittelbaren Komplikationsmöglichkeiten belastet sein soll. Das ist falsch. Wenn man nach besonderer Methodik operiert, dann ist auch diese Resektion nicht gefährlicher als die der Ulcera des Magenkörpers. Das haben nun schon Hunderte von solchen Resektionen bewiesen. Unbestreitbar ist allerdings, daß solche atypische Magen-Duodenal-

Abb. 1. Aus „Chirurgische Indikationen" von RUDOLF NISSEN (Leiden 1937) Seite 77 und 78.

mit besonderer Methodik operiert, nicht gefährlicher als die der Ulcera des Magenkörpers" findet sich die vielsagende Anmerkung „Na, na" (Abb. 1).

Der so apostrophierte Autor war ich.

Schließlich lesen wir schon vor 40 Jahren in ENDERLENS Arbeiten von einem *Blindsackphänomen*, dasselbe, das heute in der Erklärung postoperativer Störungen einen größeren Raum einnimmt.

Die jahrelange Beobachtung einer totalen Gastrektomie, ausgeführt von ENDERLEN wegen kardianahen Geschwürs hat beinahe an die Lösung des aetiologischen und therapeutischen Prinzips der perniziösen Anämie geführt. DENNIG, der den Fall im Jahre 1929 publizierte, kommt zu dem Schluß – wie er wörtlich schreibt –: „Bei einer Reihe von Kranken kann der *Mangel an normaler Magenverdauung als primäre Ursache und nicht nur als Symptom oder Folge der perniziösen Anaemie* angesprochen werden."

Im selben Jahr hat CASTLE seine berühmte Arbeit vom intrinsic factor veröffentlicht.

Man fragt sich natürlich beim Lesen der Erfahrungsabrechnung eines Chirurgen, der einer der maßgebendsten in der Magenchirurgie gewesen ist, was für Änderungen und Fortschritte seitdem zu verzeichnen sind. Und liegen diese Errungenschaften, wenn sie vorhanden, auf operativem Boden? Ich glaube, man kann das Letzte verneinen. Anders und besser geworden sind Vor- und Nachbehandlung, Schockbekämpfung, Anaesthesie und Infektionsabwehr – ungünstiger geworden aber ist in den letzten beiden Dezennien die physische Eigenart der Ulcuspatienten. Früher dominierte der sog. Ulcustyp vagotonischer Prägung mit seinem geringen Fettpolster, gesunden Coronarien, dem unempfindlichen Atmungsepithel und einer einzigartigen Resistenz gegenüber den operativ gesetzten Störungen, vielleicht auch gegenüber Infektionen. Der Typ ist seltener geworden, der fettleibige Ulcusträger aber keine Seltenheit mehr. Ebenso scheint sich der Beschwerdenkomplex geändert zu haben. Nicht nur beim Geschwür des Magens, auch bei dem des Duodenums werden wir immer häufiger durch das Fehlen der charakteristischen Anamnese, ja durch das Fehlen jeder Anamnese überrascht. Die periodischen Schwankungen im

Zahlenverhältnis von Ulcus ventriculi und Ulcus duodeni scheinen – mit der allgemeinen Erhöhung der Lebenserwartung – sich wieder mehr nach der Seite des Magenulcus hin zu bewegen.

Männern wie ENDERLEN verdanken wir ein solides operativ-technisches und indikatorisches Gerüst, aufgebaut auf den Ergebnissen von Experiment und klinischer Beobachtung. Über den Wert der $^2/_3$-Resektion des Ulcusmagens, die von ENDERLEN und seinen Schülern immer wieder mit Nachdruck gefordert wurde, kann heute weniger Zweifel bestehen, als zu des Meisters Lebzeiten. Probleme wie Ulcusgenese, Dumping-Syndrom, Ersatz der Operation durch konservative Dauerbeeinflussung von Sekretions- und Motilitätsanomalien sind aber heute wie damals weitgehend ungelöst – Grund genug, um in den Fußtapfen derer weiter zu arbeiten, die wie ENDERLEN durch Präzision in Urteil und Technik eine große Periode der Magenchirurgie gefestigt haben.

Literatur

DENNIG, H.: Perniziöse Anämie nach Magenresektion. Münch. med. Wschr. 76, 633 (1929).

EDKINS, J. S.: The chemical mechanism of gastric secretion. J. Physiol. (Lond.) 34, 133 (1906).

ENDERLEN, E.: Über die Deckung von Magendefecten durch transplantirtes Netz. Dtsch. Z. Chir. 55, 183 (1900).

— Invagination der vorderen Magenwand in den Oesophagus. Dtsch. Z. Chir. 69, 60 (1903).

— E. FREUDENBERG u. E. v. REDWITZ: Experimentelle Untersuchungen über die Änderung der Verdauung nach Magen-Darmoperationen. Z. ges. exp. Med. 32, 41 (1923).

—, u. E. REDWITZ: Zur operativen Behandlung des chronischen Magengeschwürs. Münch. med. Wschr. 69, 1683 (1922).

—, u. L. ZUKSCHWERDT: Die chirurgische Behandlung des peptischen Geschwürs. Chirurg 5, 64 (1933).

GROSSMAN, M. I., C. R. ROBERTSON and A. C. IVY: Proof of hormonal mechanism for gastric secretion; humoral transmission of distention stimulus. Amer. J. Physiol. 135, 1 (1948).

HAY, L. J., R. L. VARCO, C. F. CODE and O. H. WANGENSTEEN: The experimental production of gastric and duodenal ulcers in laboratory animals by the intramuscular injection of histamine in beeswax. Surg. Gynec. Obstet. 75, 170 (1942).

MANN, F. C., and C. S. WILLIAMSON: The experimental production of peptic ulcer. Ann. Surg. 77, 409 (1923).
REDWITZ, E. V.: EUGEN ENDERLEN zum 70. Geburtstag. Chirurg 5, 41 (1933).
ROUX („innere Apotheke"): Zit. bei H. SCHMILINSKY. Die Einleitung der gesamten Duodenalsäfte in den Magen (innere Apotheke). Zbl. Chir. 45, 416 (1918).
UVNÄS, B.: Further attempts to isolate a gastric secretory excitant from the pyloric mucosa of pigs. Acta physiol. scand. 9, 269 (1945).

Die Bedeutung der Forschung Eugen Enderlens für die Entwicklung der Kropfchirurgie

Von

L. ZUKSCHWERDT, Hamburg

Die große Arbeit „Beiträge zur Anatomie der Struma und zur Kropfoperation" unseres verehrten Meisters EUGEN ENDERLEN – gemeinsam mit HOTZ [1, 2] – aus dem Jahre 1917 hatte eine außerordentliche, bis heute währende Auswirkung. Sie verband ENDERLENS Namen mit der heute noch üblichen typischen Operation der Struma, der doppelseitigen Resektion mit präliminarer Unterbindung der vier zuführenden Arterien.

ENDERLEN hatte schon als Oberarzt in Marburg Implantationen von Schilddrüsen in die Bauchhöhle experimentell vorgenommen. Er beschäftigte sich nach seiner Berufung nach Basel intensiver mit der Kropffrage, verständlich bei der Bedeutung des Kropfes in seinem Baseler Krankengut und der Rolle der Kropfforschung in der Schweizer Chirurgie. Dies ist am deutlichsten gekennzeichnet durch die Verleihung des Nobelpreises für Physiologie und Medizin an THEODOR KOCHER (1841 bis 1917) 1909 für seine Arbeiten „Zur Physiologie, Pathologie und Chirurgie der Schilddrüse". Aber erst im Todesjahr TH. KOCHERS, 1917 äußerte sich ENDERLEN. Er hatte vom 1. 4. 1907 bis zum 2. 11. 1917 bereits 2014 Kropfoperationen durchgeführt. Diese Fundierung seiner Aussage durch eine sehr große persönliche Erfahrung scheint mir für seine wissenschaftliche Arbeit ebenso charakteristisch wie die Ableitung wissenschaftlicher Forschung von klinischen Fragen. Ebenso typisch für ihn ist, daß er zur Lösung der Probleme *die* Grundlagenforschung heranzog, die er hervorragend beherrschte, die Anatomie. Aber auch bei diesen Forschungen findet sich eine Blickrichtung zur Physiologie und Pathophysiologie, deren Bedeutung für die weitere Entwicklung der Chirurgie er als einer der ersten deutschen Chirurgen erkannte. Sie kam besonders in der Zeit der Zusammenarbeit mit KREHL und THANNHAUSER zum Ausdruck. Charakteristisch auch, daß er den hervorragenden G. HOTZ zur Mitarbeit heranzog. ENDERLEN hat die meisten seiner grundlegenden Arbeiten zusammen mit einem Mitarbeiter veröffentlicht; ich glaube, weil er auftauchende Fragen mit anderen diskutieren wollte.

Welche Probleme sah ENDERLEN bei Beginn seiner Schilddrüsenforschung? Sie sind aus der geschichtlichen Entwicklung zu verstehen. Noch 1850 erließ die Académie française ein Verdikt gegen die Operation des Kropfes. SÜSSKIND stellte bis dahin in der ganzen Literatur 44 Eingriffe fest mit einer Mortalität von 40 %. Inzwischen hatte sich durch Entwicklung von Aseptik und Anaesthesie ein gewaltiger Fortschritt ergeben. So hatte KOCHER bis 1895 bereits über 1000 Kropfoperationen durchgeführt mit einer Mortalität von 4,5 %. Er hatte 1883 auch schon mitgeteilt, daß sich bei seinen ersten 100 Totalentfernungen des Kropfes 30mal ein Myxödem eingestellt hatte und war deshalb mit JAQUES LOUIS (1882) und AUGUSTE REVERDIN (1883) – beide in Genf und nicht, wie oft zu lesen ist, Brüder, sondern Vettern – in einen heftigen Prioritätsstreit verwickelt worden. Sir FELIX SEMON hatte 1883 in der Clinical Society in London die pathophysiologische Identität aller Myxödemformen angenommen, zunächst nur Gelächter geerntet, dann aber doch die Einsetzung einer Kommission erreicht. Deren Mitglieder Sir V. A. H. HORSLEY und MORITZ SCHIFF, dieser in Wiederholung seiner in Vergessenheit geratenen Versuche von 1856, hatten endgültig experimentell das Myxödem als Folge des Ausfalls der Funktion der Schilddrüse nachgewiesen. Deren innersekretorische Tätigkeit wurde erst viel später endgültig geklärt, als nämlich am Heiligen Abend 1914 KENDALL die Darstellung des aktiven Prinzips, eines jodhaltigen Thyrosinderivats, des Thyroxins gelang.

Auch die Abtrennung der Tetanie bei Totalentfernung der Schilddrüse war zu Beginn von ENDERLENs Forschung abgeschlossen. Obwohl SANDSTRÖM schon 1880 die Epithelkörperchen als selbständige Organe erkannte, vergingen noch über 15 Jahre bis die von BILLROTH und v. EISELSBERG (1880), REVERDIN (1882), KOCHER (1882) beschriebene „thyreoprive Tetanie" als Folge des Verlustes der Epithelkörperchen geklärt wurde (GLEY, D. A. WELSH, HALSTED, ERDHEIM), und erst 1925 isolierte COLLIP das „Parathormone".

Welche Konsequenzen hatte man bis 1917 aus den bis dahin gewonnenen Erkenntnissen gezogen? Von der Totalexstirpation war man abgekommen. Man operierte einseitig, entweder unter Wegnahme einer ganzen Schilddrüsenhälfte, oder – meist – nach KOCHER unter Zurücklassung einer schmalen dorsalen Gewebsschicht zur Schonung der Epithelkörperchen und des N. recurrens. KOCHER befürwortete mit dem Gewicht seiner Autorität die einseitige „saubere" Excision. Auch ENDERLEN gibt an, daß er bis 1917 bei den meisten Fällen so vorging.

Die Untersuchungen von HALSTED (1907) mit dem Nachweis der Ernährung der Epithelkörperchen meist aus der A. thyreoidea inferior oder einem Verbindungsast zwischen beiden Schilddrüsenarterien, ließen der Ligatur der A. thyr. inf. besondere Beachtung schenken. So wurde aus diesem Grunde vor deren Unterbindung gewarnt (IVERSEN, SCHLOFFER), aber auch wegen der Möglichkeiten der Schädigung des N. recurrens (SCHLOFFER, KAUSCH, FRAZIER, KRECKE u. a.). KOCHER sprach sich 1912 (Chirurgenkongreß Berlin) eindringlich gegen doppelseitige Unterbindung aus, da hierdurch die Epithelkörper „sicher" in Gefahr kämen. Auswege wurden gesucht: die Unterbindung des Gefäßes lateral vom M. sternocleidomastoideus am Innenrand des M. scalenus anticus (DROBNIK, DELORE, HALSTED) oder nach Durchdringen dieses Muskels (ALAMARTINE). Besser war das Vorgehen von DE QUERVAIN (1912), die Unterbindung im Spatium thyrohyoideum. Er hielt doppelseitige Unterbindung der caudalen Arterien für erlaubt, aber nur bei Schonung von mindestens einem Ast der oberen Arterien. ENDERLEN hatte zunächst den zwar anatomisch richtigen Weg beschritten, unter Abschieben der Epithelkörperchen schilddrüsenwärts von diesen zu unterbinden. Er warnte jetzt aber vor diesem Vorgehen wegen deren möglicher Schädigung durch Hämatome. PETTENKOFER hatte 1914 die doppelseitige Unterbindung empfohlen und 23mal ausgeführt, aber keine Nachahmer gefunden.

Nach dem hervorragenden Referat von KOCHER auf dem Internistenkongreß 1906 schien die Indikationsstellung zur Operation gelöst. Andere Probleme blieben offen. ENDERLEN sah sie besonders in der Häufigkeit von „Recidiven" bei einseitigem Vorgehen. ENDERLEN zitiert hierzu ROUX: „Der Patient steigt mit dem Recidiv vom Operationstisch; er hat *eine* Chance, keines zu bekommen, wenn er sich in einem geruhsamen Alter befindet, in welchem ihn der Tod vor dem Recidiv ereilt".

Besonders bei den Basedowstrumen war einseitiges Vorgehen unbefriedigend. Deshalb hatten schon v. MIKULICZ und KAUSCH (1885) die doppelseitige Resektion empfohlen. Ihrer Verbreitung stand – ohne präliminare Unterbindung der Gefäße – die oft erhebliche Blutung entgegen. So mußte ENDERLEN die von ihm 1913 erstmals vorgenommene präliminare Unterbindung aller vier Arterien, gegebenenfalls auch der A. ima, aus mehreren Gründen wünschenswert erscheinen. Obgleich er bis 1917 bereits 192 doppelseitige Strumaresektionen mit Unterbindung aller vier Arterien und Darstellung des N. recurrens ohne nachteilige Folgen ausgeführt hatte, untersuchte er vor Empfehlung dieses Vorgehens experimentell-anatomisch die arterielle Versorgung des Strumarestes und der Epithelkörperchen. Gleichzeitig sollten diese Versuche die Zweifel über die günstigsten Ligaturstellen beseitigen und die Berechtigung zur Durchtrennung des Isthmus erweisen, den z. B. DE QUERVAIN als Anastomosenträger erhalten wissen wollte. Die bisherigen anatomischen Kenntnisse, meist durch Injektion gewonnen, werden kritisch gewürdigt und widersprechende Ansichten herausgestellt (HALSTED, EVANS, GEIS, DELORE u. ALAMARTINE, PETTENKOFFER, GINSBURG). Von den gewonnenen Präparaten ENDERLENS fiel ein Teil einem Fliegerangriff in Freiburg zum Opfer, wo HOTZ inzwischen das Diakonissenkrankenhaus übernommen hatte. Trotzdem wurden eindeutige Ergebnisse gewonnen und durch überzeugende hervorragende Abbildungen (Abb. 3 u. 4) belegt. Die als „retroglanduläre Anastomosen" (Abb. 1 u. 2) bezeichneten arteriellen Kollateralen zum Gefäß-

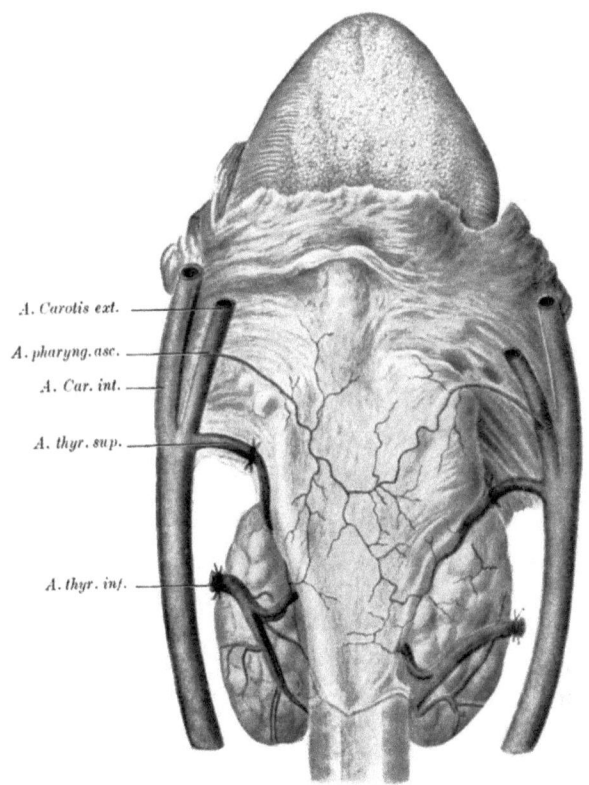

Abb. 1

Abb. 1—4. Die Gefäßversorgung der Schilddrüsenreste und der Epithelkörperchen nach der typischen doppelseitigen Resektion der Struma nach ENDERLEN u. HOTZ und Darstellung der retroglandulären Anastomosen.
(Aus „Festschrift für EMIL GASSER, Berlin: Springer 1917")

netz von Oesophagus und Trachea, verbunden mit der A. laryngea inferior, genügen zur arteriellen Speisung des Schilddrüsenrestes und – über die Hilusverzweigung der A. thyr. inferior – auch der Epithelkörperchen. Die doppelseitige Strumaresektion mit Unterbindung aller vier Arterien erschien daher erlaubt, wenn folgende Bedingungen erfüllt sind.

1. Die A. thyr. superior soll zur sicheren Schonung der A. laryng. sup. nicht im Stamm, sondern – evtl. in 2–3 Ästen – dicht am Kropf unterbunden werden.

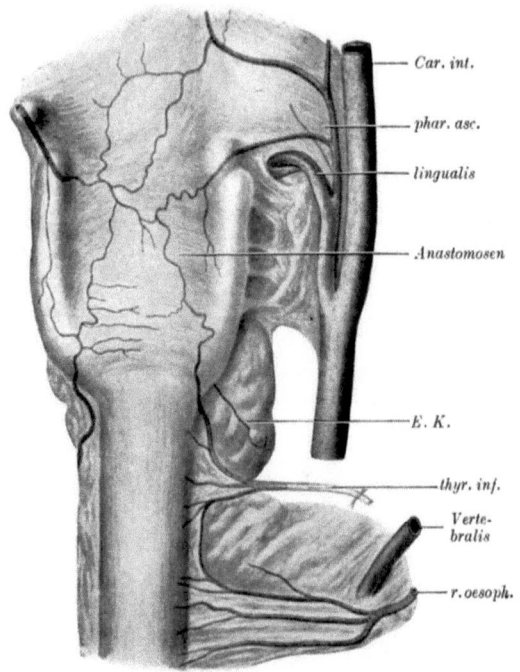

Abb. 2

2. Die Unterbindung der A. thyr. inferior ist möglichst lateral nahe der Kreuzungsstelle mit der Carotis communis vorzunehmen.

3. Der N. recurrens soll möglichst stumpf dargestellt werden an der Kreuzungsstelle mit der A. thyr. inferior.

4. Der Isthmus kann und sollte durchtrennt werden. Die in seinem Bereich entstehenden Rezidive wirken sich besonders ungünstig aus.

ENDERLEN ist diesem Vorgehen treu geblieben. 1918 sah er es allerdings ausdrücklich noch nicht als Normalmethode an. Er hat es aber zunehmend und bald fast ausschließlich geübt und später betont, daß die Art der Strumen im fränkischen und badischen Endemiegebiet ihn dazu gezwungen habe. 1922 be-

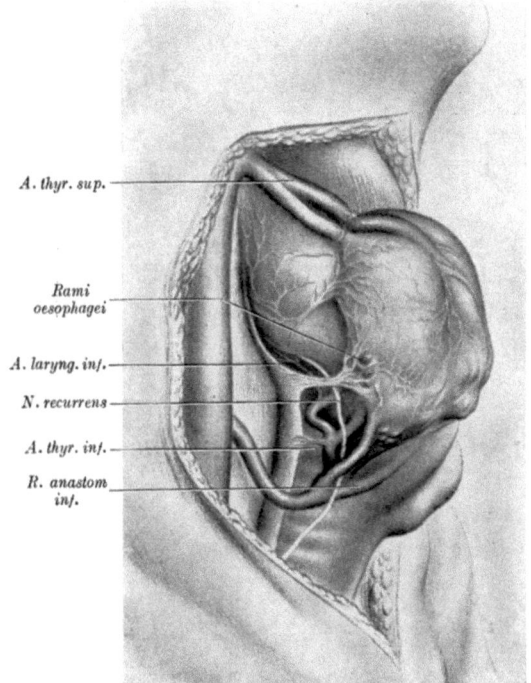

Abb. 3. Rechtsseitige Struma

richtet ENDERLEN [3] nach Untersuchungen von GRAFE und v. REDWITZ über postoperatives, aber nach fünf Wochen wieder ausgeglichenes Absinken des Grundumsatzes um 6–20 % bei doppelseitiger Strumaresektion und präliminarer Unterbindung der Arterien.

In der Heidelberger Klinik wurden bis zu ENDERLENs Emeritierung 1932 nochmals 2091 Kropfoperationen nach seiner Methode durchgeführt [4].

Das ENDERLEN-HOTZsche Operationsverfahren setzte sich schnell durch. Die Enucleation von Cysten und Knoten (PORTA-SOCIN), die einseitige Excision und die Enucleationsresektion (KOCHER) verschwanden. Die von SUDECK 1921 empfohlene Totalexstirpation der Schilddrüse beim Basedow, von v. EISELSBERG und ENDERLEN sofort abgelehnt, entpuppte sich als Irrweg.

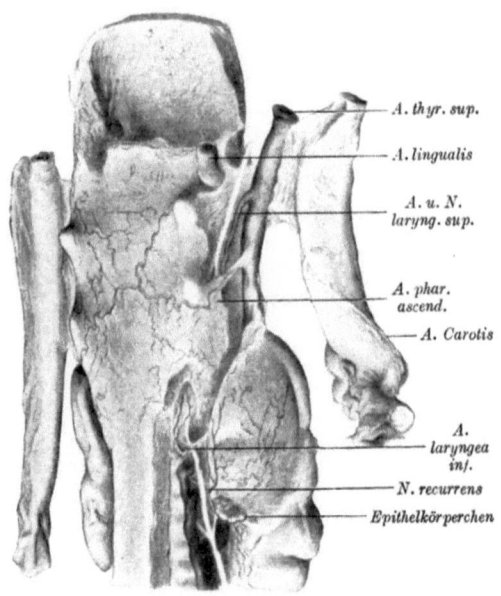

Abb. 4. Oesophagus und Schilddrüse dorsal

Mit den Anschauungen über die Kropfentstehung beschäftigt sich ENDERLEN kritisch in seiner Arbeit „Über den Kropf" [5]. Er scheint am ehesten der Jodmangeltheorie von HUNZIKER zuzuneigen, die dieser mit den Worten umreißt: „Bei Jodhunger vergrößert sich die Thyreoidea und bildet sich zurück bei besserer Jodzufuhr". ENDERLEN faßt aber zusammen: „Unsere Kenntnisse über die Ätiologie des Kropfes liegen noch sehr im argen" und „Die Kropffrage ist noch nicht erledigt".

Fast 40 Jahre blieben die ENDERLENschen Grundsätze der Kropfoperation unangetastet. Eine neue Entwicklung bahnte sich erst 1942 mit der Entdeckung der thyreostatischen Therapie der Hyperthyreosen an (Astwood), sowie der diagnostischen und therapeutischen Anwendung von Radiojod (Hertz; Roberts, Hamilton und Lawrence). Die zunächst begeistert aufgenommene thyreostatische Therapie der Hyperthyreose beeinflußt heute die chirurgische Indikationsstellung wenig. Erhebliche Auswirkungen hatte aber die Radiojodanwendung, z. B. auch in Bezug auf die Pathophysiologie verschiedener Strumaformen.

Wir lernten z. B. die Jodfehlverwertungsstruma kennen. Als Reaktion auf die Unmöglichkeit, genügend Hormonjod zu produzieren, entwickeln sich frühzeitig große Strumen. Diese angeborene Störung kann an verschiedenen Stellen des intrathyreoidalen Jodstoffwechsels lokalisiert sein. Wir verstehen heute, warum nach Eingriffen bei diesen Kranken immer wieder Rezidive folgen müssen, wenn nicht dauernd genügend Hormonjod zugeführt wird (Stanbury u. M., Mc Girr u. M., W. Horst u. M.).

Wir sehen heute den endemischen Kropf auch nicht mehr so sicher als Folge des Jodmangels an, sondern eher als Folge ungenügender Hormonproduktion durch erworbene fehlerhafte Ausnützung des zugeführten Jods. Die „Kropfnoxe" als Ursache der Störung der Schilddrüsenfunktion kommt wieder zu Ehren (Costa). Reichliche Jodzufuhr kann bei überstürzter Hormonsynthese beim endemischen Kropf kompensatorisch, d. h. prophylaktisch wirken, aber in höheren Dosen als bisher verwendet (3. Conference of Nutritionproblems in Caracas: 400 γ täglich).

Auch der Wirkungsmechanismus des thyreotropen Hormons auf die Schilddrüse wurde klarer. Wir müssen es aus mehreren Faktoren zusammengesetzt ansehen (Skanse, Greer u. M.). Ein Faktor stimuliert Synthesen, die für das Wachstum der Schilddrüse (Zellerhöhung, Gewichtszunahme) verantwortlich sind, ein weiterer beeinflußt über die Blutversorgung die Jodaufnahme, ein anderer die Vermehrung von K und Na in der Schilddrüse (Paulsen). Noch ein anderer für den Chirurgen besonders wichtiger Faktor ist für die Entwicklung des Exophthalmus verantwortlich (Lit. bei HORST und ULLERICH). Schilddrüse und Hypophyse unterliegen einem gegenseitigen Rückkoppelungsprozeß (EULER, HOLMGREN). Die plötzliche hochgradige Reduktion der Zufuhr von Schilddrüsenhormon nach doppelseitiger Resektion bei Hyperthyreose führt zu einer Aktivierung der Hypophyse, des exophthalmogenen Faktors des thyreotropen Hormons. Die Klärung dieser physiologischen Verhältnisse läßt den malignen Exophthalmus mit großer Aussicht auf Erfolg konservativ behandeln (HORST u. ULLERICH) und auch – bei schwerem Basedow – durch die Kombination von Operation und gegebenenfalls zusätzlicher protrahierter Radioresektion vermeiden (HORST u. ZUKSCHWERDT).

Bei der Therapie der Hyperthyreose ist eine Auseinandersetzung zwischen Chirurgie und Radiologie notwendig geworden, da mit beiden in ihrer Wertigkeit verschiedenen Verfahren bei ungefähr gleicher Mortalität die selbe Erfolgsquote erreicht wird. Die spezifischen Gefahren beider Behandlungsverfahren müssen daher in jedem Einzelfall abgewogen werden. Fällt die Entscheidung zu Gunsten der Operation, so haben hierbei die ENDERLENschen Grundsätze nach wie vor ihre Gültigkeit. Das gleiche gilt für die parenchymatöse euthyreote Struma mit Indikation zur Operation aus mechanischen Gründen.

Eine besondere Bedeutung hat die Radiojoddiagnostik für den Knotenkropf. Sie liefert uns eine exakte Landkarte der verschiedenen Funktionszustände in den einzelnen Teilen der Schilddrüse. Solitäre kalte Knoten sind eine absolute Operationsindikation. In 219 operierten Fällen fanden wir 46mal (21 %) histologisch ein Carcinom. Damit ist die Möglichkeit von dessen Frühoperation gegeben mit dem Erfolg einer außerordentlichen Besserung der Heilungszahlen (relative bis 90 %, absolute bis 50 %). Wir haben eine absolute Heilungszahl über fünf Jahre von 38 %.

Eine Operationsindikation stellt ferner der autonome, d. h. von der Hypophysensteuerung unabhängige heiße Knoten dar, das von PLUMMER (1923) beschriebene toxische Adenom mit dem Bild einer Hyperthyreose, aber ohne Exophthalmus. Wir haben 50 derartige Fälle operiert. Da hierbei die übrige Schilddrüse histologisch normal, nur funktionell ruhiggestellt ist, muß die typische doppelseitige Resektion nach ENDERLEN und HOTZ mindestens vorübergehend zu einer postoperativen Hypothyreose führen, und dies ist auch nachgewiesen. Das Radiojodstudium hat aber gezeigt, daß allgemein, auch bei euthyreoter Struma, die doppelseitige Resektion der Schilddrüse – entsprechend den Angaben von ENDERLEN – zwar meist nur zu einer vorübergehenden Hypothyreose führt, aber gebundenes Radiojod im Serum und Konversionsrate sind über sehr lange Zeiten pathologisch hoch. Außerdem ist das Verhältnis Trijodthyronin-Thyroxin verschoben (PALAY u. M., SILVER u. M., LINDEBOOM u. M., NODINE u. M., VETTER, HÖFER, KLEIN). Die Schilddrüsenzelle arbeitet also übersteigert und gibt überstürzt Hormonjod ab. Wird trotzdem keine Euthyreose erreicht oder erschöpft sich dieser Ausgleichsmechanismus, so droht das „Spätrezidiv", d. h. durch vermehrte Aktivität der Hypophyse eine Vergrößerung des Schilddrüsenrestes. Dieser Wachstumsreiz wirkt sich besonders auf zurückgelassene Adenome und deren Reste aus und erklärt die hohe Zahl von Spätrezidiven (ENDERLEN 29 %). Bei uninodösen Strumen sollte daher das gesunde Schilddrüsengewebe – ohne präliminare Arterienunterbindung – geschont werden, d. h. in diesen Fällen erscheint die typische ENDERLENsche Operation nicht mehr erlaubt (ZUKSCHWERDT). HEIM spricht im gleichen Zusammenhang vom „funktionskritischen Eingriff". Werden aber hierbei nicht die Rezidive häufiger? Wir haben dies bei regelmäßigen Nachuntersuchungen über fünf Jahre bisher nicht gefunden. STEINER und RICCABONA stellten soeben an der HUBERschen Klinik (Innsbruck) fest, daß bei Knotenstrumen die Rezidivquote bei einseitig Resezierten 6,5 %, bei typischem doppelseitigem Vorgehen 15,5 % beträgt. Dies ist eine Bestätigung unserer Ansichten; denn mit großer Wahrscheinlichkeit sind einseitige Eingriffe bei solitären Cysten oder Adenomen vorgenommen worden. Cysten sind aber Adenome, deren Gewebe durch die

Drucksteigerung – von uns durch Druckmessungen belegt (V. BAY) – zentral beginnend zu Grunde ging. Langzeitbeobachtungen zeigten uns den Übergang vom normal funktionierenden Adenom über das toxische zur Cyste. Wenn aber bei endemischen Strumen beide Hälften der Schilddrüse mit zahlreichen Knoten durchsetzt sind, bleibt nur das ENDERLENsche Vorgehen übrig. Auch hier sind möglichst alle Adenome vollständig zu entfernen, schon deshalb, weil nicht selten die Histologie (z. B. embryonale Adenome usw.) bei unvollkommener Entfernung ein Rezidiv erwarten läßt.

So hat das von ENDERLEN inaugurierte operative Vorgehen nach wie vor eine breite Anwendung. Heute muß aber in jedem Einzelfall das operationstaktische Vorgehen nach funktionellen Gesichtspunkten festgelegt und postoperativ die Euthyreose – gegebenenfalls durch Zufuhr von Hormonjod – gewährleistet werden.

Eine Würdigung der Beiträge EUGEN ENDERLENS zur Chirurgie der Struma wäre unvollständig ohne den Hinweis auf die Bedeutung seiner Arbeiten über die Schilddrüsentransplantation. Da die Transplantationsforschung ENDERLENS zusammenfassend behandelt werden, müssen hier wenige Worte genügen. Bereits 1889 untersuchte er als einer der ersten (nach SCHIFF 1884, V. EISELSBERG 1892, DOMINICIS 1894) bei Hunden und Katzen das Verhalten der Schilddrüse nach Implantation in die Bauchhöhle. ENDERLEN erzählte mir, daß gerade diese Arbeit für seine Berufung nach Basel bedeutungsvoll war. Mittels Gefäßnaht reimplantierten CARREL und GUTHRIE 1905 die Schilddrüse, allerdings ohne histologische Untersuchung. STICH und MAKKAS (1908) nahmen ebenfalls mittels Gefäßnaht drei Reimplantationen und sieben Homoiotransplantationen vor. 1909 berichteten BORST und ENDERLEN in einer hervorragenden Arbeit über zahlreiche sorgfältig analysierte Auto- und Homoiotransplantationen bei Hunden und Ziegen mittels Gefäßnaht [5]. Wie ihre Vorgänger stellten auch sie das Gelingen der Autotransplantation, das Mißlingen der Homoiotransplantation fest. Während aber der Fehlschlag bei der Homoiotransplantation bis dahin zumeist auf postoperative Komplikationen bezogen wurde, äußerten BORST und ENDERLEN eine völlig neue Ansicht: „Die Annahme ist doch sehr naheliegend, daß biochemische Unterschiede den Mißerfolg bedingen". Sie vermuteten auch schon, daß die Transplantation der Schilddrüse am ehesten bei Tieren des gleichen Wurfes gelingen dürfte. In Weiterentwicklung dieser Gedanken konnte ich eine Schilddrüsenhälfte von einem eineiigen menschlichen Zwilling auf den anderen, schilddrüsenlosen erfolgreich übertragen (ZUKSCHWERDT). Mittels Radiojod ließ sich das Wachstum des Implantats und seine volle Funktionstüchtigkeit in Abhängigkeit von der Hypophysensteuerung nachweisen. Das trotz jahrelanger intensiver Hormonverabreichung vor der Operation bestehende Defizit in körperlicher und geistiger Entwicklung des Kindes verschwand ein Jahr nach dem Eingriff. Offenbar können die von der Schilddrüse selbst ausgehenden Einflüsse auf den Organismus, besonders auf andere innersekretorische Drüsen, durch die Hormonzufuhr allein nicht ersetzt werden.

Die Arbeiten unseres verehrten Meisters über die Schilddrüse hatten zu ihrer Zeit einen erheblichen, z. B. in Bezug auf die Operationstechnik der Struma revolutionären Einfluß. Die hierfür gefundenen Richtlinien gelten heute unverändert. Manche von ihm aufgeworfenen Fragen, z. B. der Transplantationsprobleme, sind heute noch nicht gelöst. Seine Parabioseversuche ließen schließen, daß für die Unverträglichkeit des Homoiotransplantats humorale Faktoren primär nicht die entscheidende Rolle spielen konnten, daß also celluläre angeschuldigt werden mußten. Die Klärung der von ihm postulierten „biochemischen Unterschiede" beschäftigt uns nach wie vor. Kann es für das Leben eines forschenden Chirurgen eine bessere Bestätigung geben, als ein aktuelles Problem gelöst und in die Zukunft weisende Fragen aufgeworfen zu haben?

Literatur
1. ENDERLEN, E.: Mitt. Grenzgeb. Med. Chir. **3**, 474 (1898).
2. — Klin. Wschr. 1, 457 (1922).
3. — Wien. klin. Wschr. 16 (1929).

4. ENDERLEN, E.: Klin. Chir. **4**, 293 (1932).
5. —, u. F. HITZLER: Beitr. klin. Chir. **127**, 526 (1922).
6. —, u. G. HOTZ: Festschrift für E. GASSER. Berlin: Springer 1917.
7. — — Z. angew. Anat. **3**, 57 (1918).
8. — — Zbl. Chir. **47**, 1365 (1921).
9. — — u. A. PORZELT: Z. ges. exp. Med. **3**, 108 (1914).
10. BORST u. E. ENDERLEN: Dtsch. Z. Chir. **99**, 54, 135 (1909).
11. — — Münch. med. Wschr. **57**, 1865 (1910).
11a. ALAMARTINE, H.: Rev. Chir. (Paris) **47**, 512 (1913).
12. ASTWOOD, E. B.: J. Pharmacol. **78**, 79 (1943).
13. BAY, V.: Druckmessung in Knotenstrumen (in Vorbereitung).
14. BILLROTH, TH.: Wien. med. Presse **47** (1877).
15. CARREL, A., et G. GUTHRIE: C. R. Soc. Biol. (Paris) **59**, 413 (1905).
16. COSTA, A.: Fortschritte der Schilddrüsenforschung, p. 19. Stuttgart: Georg Thieme 1962.
17. DELORE, X., et H. ALAMARTINE: Rev. Chir. **44** (1911).
18. DOMINICIS, N. de: Wien. med. Wschr. **44**, 1999, 2051, 2099 (1848).
19. DROBNIK: Zit. nach E. ENDERLEN u. G. HOTZ, Z. angew. Anat. **3**, 57 (1918).
20. EISELSBERG, A. v.: Wien klin. Wschr. **5**, 81 (1892).
21. ERDHEIM, J.: Mitt. Grenzgeb. Med. Chir. **16**, 31 (1911).
22. EULER, C. v. and B. HOLMGREN: J. Physiol. (Lond.) **131**, 125 (1956).
23. EVANS: Zit. nach E. ENDERLEN u. G. HOTZ, Z. angew. Anat. **3**, 57 (1918).
24. FRAZIER: Zit. nach E. ENDERLEN u. G. HOTZ, Z. angew. Anat. **3**, 57 (1918.)
25. GEIS, E.: Ann. Surg. **47**, 32 (1908).
26. GINSBURG: Zit. nach E. ENDERLEN u. G. HOTZ, Z. angew. Anat. **3**, 57 (1918).
27. GLEY, E.: Zit. nach CH. SINGER and E. A. UNDERWOOD, A short History of Medicine, p. 51 a. Oxford: Clarendon Press 1962.
28. GRAFE: Zit. nach E. ENDERLEN, Klin. Wschr. **1**, 457 (1922).
29. GREER, M. A., and M. GREER: Proc. Soc. exp. Biol. (N. Y.) **82**, 28 (1953).
30. HALSTED, W. S., and M. EVANS: Ann. Surg, **46**, 489 (1907).
31. HAMILTON, J. G., and J. H. LAWRENCE: J. clin. Invest. **21**, 624 (1942).
31a. HARNACK, G. A. v., W. HORST, W. LENZ u. L. ZUKSCHWERDT: Dtsch. med. Wschr. **83**, 549 (1958).
32. HEIM, W.: Zbl. Chir. **86**, 755 (1961).
33. HERTZ, S., and A. ROBERTS: J. clin. Invest. **21**, 624 (1942).
34. HÖFER, R.: Fortschritte der Schilddrüsenforschung, p. 70. Stuttgart: Georg Thieme 1962.
35. HORSLEY, V. A. H.: Zit. nach CH. SINGER and E. A. UNDERWOOD, A short History of Medicine, p. 519. Oxford: Clarendon Press 1922.
36. HORST, W.: Internist (Berl.) **1**, 711 (1960).
37. —, u. C. SCHNEIDER: Gastroenterologica **97**, 85 (1962).
38. —, u. K. ULLERICH: Fortschritte der Schilddrüsenforschung, p. 131. Stuttgart: Georg Thieme 1962.

38a. HORST, W., u. K. ULLERICH: Hypophysen-Schilddrüsenerkrankungen und endokrine Ophthalmopathie. Stuttgart: Ferdinand Enke 1958.
39. —, u. L. ZUKSCHWERDT: Med. Klin. 13, 549 (1959).
40. IVERSEN: Zit. nach E. ENDERLEN u. G. HOTZ, Z. angew. Anat. 3, 57 (1918).
41. KAUSCH: Langenbecks Arch. klin. Chir. 93, 4 (1885).
42. KENDALL, E. C.: Zit. nach CH. SINGER and E. A. UNDERWOOD, A short History of Medicine, p. 519. Oxford: Clarendon Press 1962.
43. KLEIN, E.: Der endogene Jodhaushalt des Menschen und seine Störungen. Stuttgart: Georg Thieme 1960.
44. KOCHER, TH.: Langenbecks Arch. klin. Chir. 29, 593 (1883).
45. — Langenbecks Arch. klin. Chir. 35, 24 (1906).
46. — Verh. dtsch. Ges. inn. Med. 23, 59 (1906).
47. — Zit. nach E. ENDERLEN u. G. HOTZ, Z. angew. Anat. 3, 57 (1918).
48. KRECKE: Münch. med. Wschr. 44, 68 (1921).
49. LINDBOOM, G. A., TH. E. HOOGENDIJK-VAN DORT u. J. DE JONG: Acta med. scand. 40, 487 (1955).
50. MC GIRR E. M.: Fortschritte der Schilddrüsenforschung, p 12. Stuttgart: Georg Thieme 1962.
51. NODINE, J. H., W. H. PERLOFF, T. E. SOPP, R. N. FERRANDIS and D. DE ALBUGUERQU: Amer. J. med. Sci. 230, 397 (1955).
52. PALAY, K. R., E. S. SOBEL and R. S. YALOW: J. clin. Endocr. 15, 955 (1955).
53. PAULSEN, F.: Chemie, Inkretion und Wirkungen des thyreotropen Hormons. Fortschritte der Schilddrüsenforschung. Stuttgart: Georg Thieme 1962.
54. PETTENKOFFER, M. J. v.: Bruns' Beitr. klin. Chir. 93, 294 (1914).
55. PLUMMER, H. S., and W. M. BOOTHBY: Amer. J. Physiol. 63, 406 (1923).
56. PORTA-SOCIN: Zit. nach E. ENDERLEN, Klin. Wschr. 1, 457 (1922).
57. QUERVAIN, F. de: Dtsch. Z. Chir. 116, 574 (1912).
58. REDWITZ, V.: Zit. nach E. ENDERLEN, Klin. Wschr. 1, 457 (1922).
59. REVERDIN, J. L., et A. REVERDIN: Rev. méd. Suisse rom. 3, 169 (1883).
60. SANDSTRÖM, J. V.: Zit. nach H. STEINER, Hippokrates (Stuttg.) 33, 853 (1962).
61. SEMON, F.: Zit. nach CH. SINGER and E. A. UNDERWOOD, A short History of Medicine, p. 519. Oxford: Clarendon Press 1962.
62. SILVER, S., S. B. YOHALEM and R. A. NEWBURGER: J. Amer. med. Ass. 159, 1 (1955).
63. SKANSE, B.: Acta endocr. (Kbh.) 38, 166 (1961).
64. SÜSSKIND: Zit. nach E. ENDERLEN, Klin. Wschr. 1, 457 (1922).
65. SUDECK, P.: Langenbecks Arch. klin. Chir. 116, 648 (1921).
66. SCHIFF, M.: Zit. nach CH. SINGER and E. A. UNDERWOOD, A short History of Medicine, p. 519. Oxford: Clarendon Press 1962.
67. — Rev. méd. Suisse rom. 4, 425 (1884).
68. SCHLOFFER, H.: Zit. nach E. ENDERLEN u. G. HOTZ, Z. angew. Anat. 3, 57 (1918).

69. STANBURRY, J. B.: The Metabolic Basis of Inherited Disease, ed. by J. B. STANBURRY, J. B. WYNGAARDEN, D. S. FREDRICKSON, p. 123. New York: McGraw-Hill Book Co. 1960.
70. STEINER, H., u. G. RICCABONA: Bruns' Beitr. klin. Chir. 204, 487 (1962).
71. STICH, R., u. M. MAKKAS: Bruns' Beitr. klin. Chir. 60, 431 (1908).
72. VETTER, H.: Ergebn. inn. Med. Kinderheilk., N. F. 6, 659 (1955).
73. WELSH, D. A.: Zit. nach CH. SINGER and E. A. UNDERWOOD, A short History of Medicine, p. 519. Oxford: Clarendon Press 1962.
74. ZUKSCHWERDT, L., u. W. HORST: Langenbecks Arch. klin. Chir. 301, 486 (1962).
75. — Strahlenforschung und Strahlentherapie. Sonderband z. Strahlentherapie 49, 29 (1962).

Enderlens experimentelle Chirurgie als Grundlage der modernen Transplantationslehre

Von

W. Lutzeyer, Aachen

Im Jahre 1910 schließt Eugen Enderlen seinen Vortrag „Versuche über die Parabiose" vor der Physikalisch-Medizinischen Gesellschaft in Würzburg mit dem pessimistischen Ausblick: „Wir möchten auf Grund dieser trüben Erfahrungen glauben, daß auch die gründliche Blutmischung nicht imstande ist, Bedingungen zu schaffen, daß Homoiotransplantationen gelingen!"

Damit gibt er gleichsam die Hoffnung auf, auf dem Wege der gründlichen Blutdurchmischung zweier artgleicher, aber nicht verwandter Individuen das Problem der biochemischen Differenz zu lösen und damit das lange gesuchte Tor zu der erstrebten Verpflanzung von homoioplastischen Geweben, Organteilen und Organen aufzustoßen.

Fast 50 Jahre später, im April 1959, füllen die sensationellen Schlagzeilen über „den Hund mit den zwei Köpfen" die Titelseiten der in- und ausländischen Presse. Dem sowjetischen Transplantationsexperimentator Wladimir Demichow war es gelungen, Dank einer genialen Gefäßnahtmethode, seinem Versuchshund „Pirat" einen zweiten jungen Hundekopf zu überpflanzen.

Die Antwort international anerkannter Chirurgen, Theologen, Soziologen, Psychologen und Existenzphilosophen auf eine Umfrage der Stuttgarter Zeitung vom 3. 4. 1959 unter dem Thema „Das Tier mit den zwei Köpfen", bewegte sich zwischen gedämpfter Skepsis und entrüsteter Ablehnung eines solchen Verfahrens.

Es gilt also hier, den Weg der Transplantation zwischen EUGEN ENDERLEN und WLADIMIR DEMICHOW abzuschreiten und uns im wesentlichen zwei Fragen zu stellen:
1. *Warum wählte* ENDERLEN *das Experiment?*
2. *Welche Ergebnisse seiner experimentellen Grundlagenforschung haben nun vorübergehend oder bleibend die moderne Transplantationslehre entscheidend beeinflußt?*

Die erste Frage, warum wählt ENDERLEN das Experiment, möchte ich im Zusammenhang des Themas mit seiner Neigung zur experimentellen Transplantation verknüpfen.

Experiment und Transplantationsgedanke sind so alt wie die Menschheit selbst! Die Bluttransfusion z. B. als eine Art Gewebstransplantation reicht bis auf die Metamorphosen OVIDS zurück, bis auf das Tempelritual der altägyptischen Dynastien und die Alexandrinische Ärzteschule. Die aus der griechischen Sage bekannten Kombinationsindividuen des Satyrs oder des Zentaurs faßt BÜCHERL sogar als eine Art Transplantationsprodukt zwischen Mensch und Pferd auf, und mir selbst hat als Kind schon die Verpflanzung eines anderen Organs, eine Art von Alloplastik des Herzens, in dem Märchen von Hauff, *„Das kalte Herz"* unauslöschlichen Eindruck gemacht.

Abgesehen von den Experimenten der Hippokratischen Medizin über die Schädelöffnung und über die Entwicklung des Hühnerembryo, von den Tierexperimenten des ERASISTRATOS 300 v. Christus und den vorwiegend neurophysiologischen Versuchen der Rückenmarkdurchtrennung von GALEN vor rund 1800 Jahren, zeichnet sich erst prophetisch in der Hochscholastik mit ROGER BACON die Gestalt eines naturwissenschaftlichen Experimentators ab. Sein Postulat: *„Ohne Erfahrung kann nichts ausreichend gewußt werden"!* ist mutatis mutandis auf die experimentelle Grundlagenforschung EUGEN ENDERLENS anzuwenden. Unbewußt gespeist von dem Zeitgeist des 19. Jahrhunderts wie dem Positivismus von COMTE und J. STUART MILL, der damals besonders für die Biologie revolutionierenden Bedeutung der DARWINschen Descendenstheorie und des daraus sich entwickelnden biologischen Grundgesetzes von ERNST

HÄCKEL findet er einen fruchtbaren Boden als Experimentator in den zusätzlichen Voraussetzungen der aufblühenden Naturwissenschaften: Die Erkenntnisse der VIRCHOWschen Zellularpathologie, die Einführung der Narkose, der Antisepsis von LISTER und Asepsis von PASTEUR und die immunserologische Konzeption der Seitenkettentheorie von EHRLICH, setzen ENDERLEN in den Kulminationspunkt des sog. Heroenzeitalters der Chirurgen.

Im reinen Experiment, welches von den neunziger Jahren bis über die Jahrhundertwende hinaus durch die Transplantationsarbeiten von Knochen, Knorpel, Sehnen, *Netz und Darm auf Blase,* bis zur Gefäß- und Organtransplantation, herrschen noch die pathologisch-anatomischen Fragestellungen vor. Erst die späteren Arbeiten über die Verpflanzung innersekretorischer Drüsen, die Versuche über Klärung der Urämie, über die Erregung der Magensaftsekretion und der Herzdenervierung sind schon mehr vom dynamisch funktionellen Aspekt her verstanden.

Dominierend ist bei ENDERLEN *die induktive Methode des Experiments!* Das heißt, wie ein *roter Faden* zieht sich durch seine experimentelle Forschung in erster Linie auslösend die *Einzelbeobachtung* des aufmerksamen und kritischen Klinikers. Sie bedarf der experimentellen Analyse! So versucht er erst nach reiflichem Urteil zu einem gesetzmäßig abgeleiteten Wahrscheinlichkeitsschluß zu gelangen. Seine kritische Einstellung zum Experiment und dessen Auswertung und auch zur Publikation wird heute leider in unserer publikationsfreudigen Zeit vermißt, die oft nur die Priorität eines Verfahrens kennt. So schreibt er 1917 in einer Arbeit mit LOBENHOFER „Zur Überbrückung von Nervendefekten" wörtlich: „Dem Wunsche des Herrn EDINGER, den offenbaren Mißerfolg des Agar sofort zu veröffentlichen, mochten wir nicht willfahren, weil es viel zweckmäßiger schien, eine solche Mitteilung gleich mit der Veröffentlichung eines besseren Verfahrens zu verbinden. Eine ‚vorläufige' Mitteilung der Serumfüllung erschien uns absolut untunlich."

ENDERLEN als Experimentator tritt seinen Weg an einem Punkt an, an welchem der Auflösungsprozeß der Neuzeit, mit dem Beginn des 20. Jahrhunderts, seine offensichtliche Demonstration in sämtlichen Lebensäußerungen und Bereichen erreicht hat. Industrialismus und Materialismus gehen Hand in Hand. Dazu EGON FRIEDELL: ... „So bemerken wir Deutschland an der Spitze fast der gesamten Großfabrikation, tonangebend im Geschützbau, im Schiffsbau, in der optischen, chemischen und elektrotechnischen Industrie. Sehr im Gegensatz zum alten Deutschland: In Berlin regieren nicht mehr Fichte und Hegel, sondern Siemens und Halske und statt der Brüder Humboldt die Brüder Bleichröder, in Jena gelangt als Nachfolger Schillers Zeiss zu Weltruf, in Nürnberg werden Dürers Werke von Schuckerts Werken abgelöst, Frankfurt am Main muß vor Höchst am Main weichen und an die Stelle der Farbenlehre tritt die Farben-AG." Das heißt übertragen auf die Situation der damaligen Medizin: Mit dem positiven Entwicklungsgedanken und den Neuerungen der Technik ist für den Menschen der damaligen Zeit jedes biologische, auch jedes naturwissenschaftlich-medizinische Rätsel lösbar geworden!

Die zweite Frage, die wir uns stellten, war der Einfluß der experimentellen Grundlagenforschung ENDERLENS *auf die moderne Transplantationslehre.*

Sinn der Antwort ist nicht chronologische Aufzählung der Versuche, sondern die wesentlichen Etappen seiner experimentellen Transplantationsversuche in kräftigen Konturen zu zeichnen. In ihrem Mittelpunkt steht die *Homoiotransplantation,* d. h. die Übertragung artgleichen, aber individualfremden Gewebes. Autotransplantation und Heterotransplantation werden nur flüchtig skizziert, die *Alloplastik* als Kind der heute aufblühenden Kunststoffindustrie war in diesem Sinne damals noch nicht geboren.

Die kurzen Versuche der *Hautübertragung* aus dem Jahre 1898, bereits unter dem Gesichtspunkt einer Hautbank stehend, schlagen fehl. ENDERLEN findet, daß vollkommen trocken konservierte Hautstückchen *nicht* zur Anheilung gelangen, daß jedoch zwei junge Hauttransplantate auf alten Empfängern anheilen. Wahrscheinlich hat es sich hier jedoch nur um eine vorübergehende Anheilung des Pfröpflings gehandelt. Es war ENDERLEN nicht klar, daß gerade die homoioplastische Hauttransplantation auf Grund der sich stürmisch abspielenden Antigen-Antikörperreaktion bei dieser Gewebsart nur glücken kann, wenn es sich um Erbgleichheit von Empfänger und Spender handelt. K. H. BAUER publizierte 1927 einen derartigen Fall gelungener Hauttransplantation bei eineiigen Zwillingen. *Die letzten Erfahrungsberichte vom Deutschen Chirurgen-Kongreß 1959:* Haut gelangt als homovitales Transplantat in der Regel bereits zur Abstoßung, bevor körpereigener Ersatz geschaffen wird! Eine hundertprozentige Anheilung gibt es trotz der Versuche der Injektion von Epidermiszellen des künftigen Hautspenders auch heute noch nicht. Die Versuche von BUDRAS, die Enzymsysteme der menschlichen Haut durch gewisse Bestrahlungsverfahren zu inaktivieren und so der Homoiotransplantation der Haut näher zu kommen, besonders bei ausgedehnten Verbrennungen, sind zwar Fortschritte, aber keine Endlösung.

1900 beschäftigt sich ENDERLEN intensiv mit der *experimentellen Harnblasenplastik* durch *gestieltes Netz und durch Dünndarm*, also um eine Art der *Autoplastik*. Der Kern seiner pathologisch-anatomischen Ergebnisse gipfelt in dem Schluß, daß Blasenepithel enorm regenerationsfähig ist, bereits am zweiten Tage damit beginnt und innerhalb von acht Tagen die Hauptregenerationsphase abgeschlossen hat. Er weist außerdem nach, daß das Darmepithel bei der Dünndarm-Blasenplastik sich in der Regel *nie durch Uroepithel* ersetzen läßt, oder in dieser Richtung einen funktionellen Umbau erfährt.

Seine grundlegenden Untersuchungen führen über die geniale Ringblasenplastik von SCHEELE 1922 bis in das letzte Dezennium, in welchem der *Blasenersatz durch Dünndarm* unter verschiedenen Indikationen der Blasenentfernung oder der Ersatzblase, in den angloamerikanischen Ländern, in Frankreich und in Spanien bereits in den Anwendungsbereich des Klinikers getreten ist. Die letzte praktische Konsequenz der Enderlenschen Erkenntnis über die Regeneration des Uroepithels waren sowjetische und amerikanische Versuche, die total entfernte Blase durch Uroepithelregenerate über Kunststoffprothesen zu ersetzen.

Seine Homoiotransplantationsversuche von *endokrinen Organen,* wie *Schilddrüse* und *Hoden* schlagen fehl. Das heutige Urteil darüber besagt:

1. Die Homoiotransplantation endokriner Organe muß in jedem Falle erfolglos verlaufen.

2. Wert und Sinn der Homoiotransplantation eines endokrinen Organs ist seit der Entdeckung des Insulins aus der Bauchspeicheldrüse und der darauffolgenden Ära der synthetischen Hormonproduktion im wesentlichen illusorisch geworden.

Die Überbrückung von Nervendefekten durch Eigen- und Fremdtransplantat ergibt sich 1915 für ENDERLEN aus der Versorgung eines großen Ulnarisdefektes. 1917 folgen weitere Tierversuche, gemeinsam mit LOBENHOFER und EDINGER, Nerven homoioplastisch zu transplantieren. Der Grundgedanke seines Verfahrens, ein langsam resorbierbares körpereigenes Material, nämlich eine Arterie mit Eigenserum oder Hydrocelenflüssigkeit gefüllt, als Leitschiene zu verwenden, fand 45 Jahre später eine praktische Realisierung. *Deutscher Chirurgenkongreß 1962 über Nerventransplantationen:* Defekte bis zu 3 cm Länge können durch homoioplastische Transplantate überbrückt werden. Für größere Transplantate wird die von BASSETT, CAMPBEL u. Mitarb. angegebene *Millipore* als Kunststoff-Filtermembran und reaktionsloser Transplantationsschutz verwendet.

Seine Erfahrungen über die *Gefäßnaht* und vor allem über den *Gefäßersatz* faßt ENDERLEN in einem Übersichtsbericht in der Münchner Medizinischen Wochenschrift vom 6. 9. 1910 zusammen: „Wenn nach Verletzung oder Resektion des Gefäßes der Defekt *so* groß ist, um eine direkte Vereinigung *nicht* ausführen zu können, so vermag man ihn durch ein anderes Gefäßstück zu ersetzen. Die Transplantationen von Arterie in Arterie gelingen sowohl, wenn das Stück demselben Tier oder einem anderen der gleichen Art oder einer fremden Species entnommen wird. CARREL u. a. berichten sogar von der Einheilung der Gefäßstücke nach längerem Aufheben im Eisschrank und Konservierung in Formol", schreibt ENDERLEN wörtlich und umreißt damit die Möglichkeit der Arterienauto- und -homoiotransplantation mit dem futuristischen Hinweis auf Arterienkonserve und Gefäßbank! Die pathologisch-anatomische Interpretation von BORST über homoioplastische Arterientransplantate bei einer Einheilungszeit von 1 bis 57 Tagen gibt uns *die Erkenntnisse wieder,* die heute zum Grundbestand des Gefäßersatzes schlechthin geworden sind: Die Wundheilung geht vom körpereigenen Gewebe aus, das körperfremde Arterienstück verfällt einer langsamen Resorption und Substitution durch körpereigenes Gewebe. Dieselben Grundveränderungen mit geringen Abweichungen spielen sich nach jeder Arterienhomoioplastik ab, ganz gleich, ob es sich um Gefäßtransplantate handelt, die lyophylisiert, in Nährlösungen eingelegt, oder in Kunstharze eingebettet sind. Heute scheint jedoch die *Gefäß-Alloplastik* in der Regel durch gestrickte oder gewebte Teflon-Prothesen zu dominieren. Das endgültige Urteil über den Konkurrenzkampf zwischen der sog. immer zur Verfügung stehenden und zuschnittbereiten Schreibtischschubladen-Prothese aus Kunststoff und des sicher biologisch vorteilhafteren, aber schwer gewinnbaren Gefäß-Homoiotransplantates wird m. E. erst in einigen Jahren gefällt werden können.

ENDERLENS *Griff reicht also von der Transplantation des biologisch inaktiven Pfröpflings, wie z. B. des Gefäßes, bis zur Übertragung eines so differenzierten Organs, wie es z. B. die Niere darstellt.*

Die Geschichte der *Nierentransplantation* ist unlösbar mit ENDERLENS Namen verknüpft. Trotz seiner experimentellen Vorgänger, ULLMANN, VON DECASTELLO im Jahre 1902, später auch FLORESCO und vor allem 1905 CARREL und GUTHRIE sind die Vorteile der technischen Art der Anastomosierung von Nierenarterie zu Milzarterie von Nierenvene zu Milzvene und

Neuimplantation des Harnleiters unbestritten! In sieben Fällen gelingt tierexperimentell die *Autotransplantation* der Niere, in einem Fall sogar bis zu 118 Tagen. Bei *sechs Homoiotransplantationen* an Hunden und Katzen, sogar bei einer en mass oder en bloc mit Aorta, kommt es infolge der von ihm bezeichneten biochemischen Differenz zu einem absoluten Mißerfolg.

Versuche, Affennieren auf den Menschen zu transplantieren kommentiert ENDERLEN: „Den Versuch UNGERs, Affennieren auf den Menschen zu transplantieren halte *ich trotz unserer Abstammung von diesem Tier* nicht für einwandfrei." Ich lasse es dahingestellt, ob hier der Einfluß der darwinistischen Abstammungslehre oder die Art seines bekannten trockenen Humors ENDERLEN zu diesem Schluß veranlaßt.

ENDERLEN erkennt, daß trotz der Parabioseversuche die Zeit von drei Tagen viel zu kurz ist, um wie er sagt, aus zwei Individuen durch Blutdurchmischung eines zu machen. Die Antigen-Antikörperreaktion wird von ihm m. E. rein humoral und nicht zellulär besonders im RES verankert gesehen.

40 Jahre später, 1954, gelang den Amerikanischen Chirurgen MURRAY, MERRILL und HARRISON bei eineiigen oder identischen Zwillingen eine Nierentransplantation bei einem 24 Jahre alten Mann. In der Zwischenzeit hat die von dem Engländer DEMPSTER vorangetriebene tierexperimentelle Forschung in der Nierentransplantation ihre Früchte getragen: 1958 sind es sieben Nierentransplantationen. 1959 die erste erfolgreiche Nierentransplantation bei nichtidentischen Zwillingen. 1960 wird von MERRILL aus Amerika bereits über 14 Nierentransplantationen bei eineiigen Zwillingen berichtet.

Voraussetzung für den Erfolg eines so komplizierten und differenzierten Eingriffs ist, neben der Zusammenarbeit der verschiedenen Grenzgebiete der Chirurgie, wie des Nephrologen, des Gefäßchirurgen und des Urologen, *die Depression des Antigen- Antikörpervorganges im Emfängerorganismus.* Die Niere selbst als homovitales Organ kann nicht devitalisiert werden. Röntgen-Ganzbestrahlung zur Ausschaltung der aktiven Knochenmarkzentren und des RES, Verabreichung der hochgradig cytotoxischen Substanz 6-Mercaptopurin, die gleichzeitige Gabe von Cortison zur Unterdrückung der Bindegewebsmesenchymreaktionen, sind solche Kombinationsversuche. Der Vorteil der Depression der Abwehraktivität wird durch den enormen Nachteil einer Steigerung der Infektbereitschaft bis zur erträglichen Grenze erkauft.

Geblieben ist von ENDERLENs Transplantationsversuchen der *Gedanke der Gefäßparabiose*, mit deren Hilfe er die *biochemische Differenz* bei der Homoiotransplantation ausgleichen wollte.

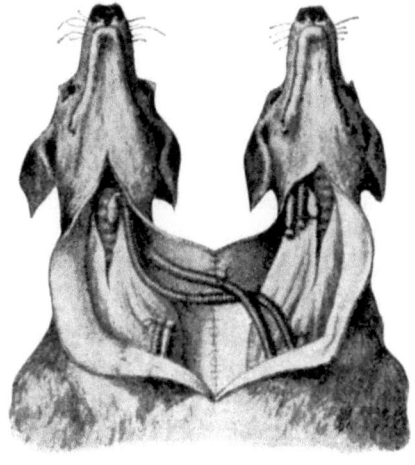

Abb. 1

Zwei Hunde werden durch Gefäßnaht von Arterie und Vene quasi „blutmäßig" in *einen* Organismus verwandelt.

Die Gefäßverbindung durch Anastomosierung der Halsschlagadern und Halsvenen gelingt einwandfrei, sie wird bis zu drei Tagen aufrechterhalten. Die Blutmischung ist komplett, wie durch Farbstoffausscheidung beim Spender und Empfänger und durch entsprechende Diurese-Prüfung durch Phlorrhizin nachgewiesen wird. Und trotzdem schlagen die an den Versuch geknüpften Erwartungen der Transplantation von Organen wie Niere und Schilddrüse fehl! „*In Bezug auf die Transplantation erreichten wir nichts!*" bemerkt ENDERLEN völlig sachlich.

Das wichtige Grenzgebiet der Immunserologie, aufgebaut auf der Seitenkettentheorie von EHRLICH wurde zu wenig berücksichtigt, jedoch legt ENDERLEN unbewußt mit der Gefäßanastomose und mit der Parabiose die gedankliche und praktische Grundlage zur *Austausch-Transfusion,* die 50 Jahre später zur Behandlung urämischer Zustände (WIEGMINGK) angegeben wurde und heute in der Behandlung der foetalen Erythroblastose immanenter Bestandteil geworden ist. Kinder dieses Gedankens sind die *extrakorporale Dialyse* oder künstliche Niere zur maschinellen Entgiftung des gesamten zirkulierenden Blutes, *zuletzt die Herz-Lungenmaschine,* bei der apparativ unter Umgehung des Herz-Lungenkreislaufes der Organismus neu mit Sauerstoff versorgt wird. Mit dem Hinweis auf die Dämonie der Technik prägt K. H. BAUER den Begriff der *Parabiose zwischen Mensch und Maschine.*

Über die Gefäßnaht bei der Parabiose und diese Art des Gesamtblutaustausches kommen ENDERLEN und sein Schüler HOTZ zur *Propagierung der direkten Bluttransfusion* durch die Naht Arteria radialis-Vena mediana cubiti. Interessant ist hierbei die provisorische Kontrolle der übergeleiteten Blutmenge, die durch das Verhalten des Spenderblutdruckes bestimmt wird. Der Blutdruck darf beim Spender ca. $^1/_2$ Stunde nach der Transfusion nicht unter 100 oder 95 mm Hg sinken.

Unter Weltkriegsverhältnissen soll ENDERLEN der Blutdruckmessung weniger Bedeutung beigemessen haben. Wie es heißt, habe er den Spender, meist einen strammen jungen Leutnant eine Virginia rauchen lassen, und sobald sie ihm, weil es ihm einfach übel wurde, aus dem Mund fiel, *das* als Zeichen zum Abbruch der Transfusion genommen haben. Ob diese Art der sog. Enderlenschen *Probe,* wie sie von Söhnen und Enkeln des großen Meisters genannt wird, in das Reich der Fabel verwiesen werden muß, sei dahingestellt!

Der Epilog nun beurteilt insbesondere den jetzigen Stand der Homoiotransplantation: Sie kann *nur* von serologischer und biochemischer oder von biologischer Seite gelöst werden, chirurgisch technische Schwierigkeiten werden im allgemeinen nicht

mehr diskutiert. Man weiß genau, daß es sich bei der Homoiotransplantation nicht nur um verschiedene Artspezifität, sondern auch um verschiedene Individual- und auch Zellspezifität handelt. Wir wissen ferner, daß dem Zellbaustein der Desoxy-Ribonucleinsäure eine entscheidende Rolle in der Antikörperbildung zukommt, besonders in den dazu prädestinierten Fabriken der Lymphknoten und der Plasmazellen, also im RES. Nach neueren Untersuchungen für die embryonale und postnatale Zeit auch in der Thymusdrüse. Wir wissen heute weiter, daß die enzymatisch bedingte Fähigkeit zum Abbau exogenantigen wirkender Substanzen, die man nach BILLINGHAM, BRENT und MEDAWAR *als „erworbene Toleranz"* bezeichnen kann, ein Geschenk der embryonalen Entwicklungsperiode ist. Das heißt: *Während der Embryonal- und der frühen Postnatalzeit ist der Organismus der homologen Gewebsabwehr unfähig!* Wir wissen weiter, daß die homologe Abwehr gegen die verschiedenen Gewebe, die man dem Verhalten nach als *homostatisch* oder *homovital* bezeichnet, klinisch völlig verschieden ist. Knochen z. B., Knorpel, Gefäße und Cornea kommen ohne stürmische Abwehrreaktion zum allmählichen Einbau und schrittweisen Ersatz, während differenzierte Organe, wie z. B. die Niere, eine stürmische Abwehrreaktion auslösen und damit vom Organismus her schon das Transplantat gefährden. *Homostatische Pfröpflinge* können *devitalisiert* werden durch Bestrahlung, durch Eiweißmaceration, durch Vakuum-Gefriertrocknung oder sonstige Desantigenisierungsverfahren. Dann werden sie reif als Stützmatritze für den Neuaufbau des Gewebsersatzes. *Homovitale Gewebe* jedoch können allein durch Depression der Abwehrreaktion des RES des Empfängers wie z. B. durch Röntgen-Ganzbestrahlung, insbesondere des Knochenmarks, durch cytotoxische Substanzen wie 6-Mercaptopurin, oder Cortisonpräparate in Kombination, in ihrer Anheilung unterstützt werden!
Parabioseversuche beim thymektomierten Tier, 1962 von NAGIČ *durchgeführt, zeigten, daß die Väter dieses groß angelegten und genialen Experimentes der Parabiose nicht mehr*

erwähnt werden. Diese Tatsache gibt ENDERLEN recht, der im Jahre 1926 bei anderer Gelegenheit prophetisch sagt: „Vielleicht findet das Verfahren, nachdem es den Weg über das Ausland genommen hat, in der Heimat mehr Anklang."

Ein abschließendes Urteil ist uns nicht möglich, da wir als Kinder dieser Zeit das heutige Weltbild in seiner Veränderung der letzten 50 Jahre kaum beurteilen können: Die Relativitätstheorie EINSTEINs hat die Begriffe von Raum und Zeit, von Energie und Masse verschoben, das Eindringen in das Molekül mit dem Elektronenmikroskop, die chemische Differenzierung der Erbfaktoren, der Eiweißstrukturen, die technischen Errungenschaften in der Erforschung des Atoms und der Radioaktivität haben auf sämtliche Lebensgebiete, seien sie wirtschaftlicher, militärischer oder politischer Natur, übergegriffen. *So werfen sie auch Licht und Schatten auf das Gebiet der Medizin und nicht zuletzt auf die experimentelle* und die angewandte klinische Chirurgie.

ENDERLENs Verdienst ist es, die chirurgisch-technische Seite der Transplantation von Geweben, Gefäßen und ganzen Organen, unter dem Versuch durch Gefäßparabiose, die Homoiotransplantation in eine Autotransplantation zu verwandeln, bis zur technischen Vollendung vorangetrieben zu haben. Vor 53 Jahren hat BORST in seinem gemeinsamen Vortrag mit ihm „Beiträge zur Gefäßchirurgie und zur Organtransplantation" vor dem Ärztlichen Verein in München die Worte gesprochen: „Sie sehen, meine Herren, die ärztliche Technik schreitet weit voran, aber der lebendige Körper gibt uns so viele Rätsel auf und birgt so viel Geheimnisvolles, daß wir uns vor übertriebenen und übermütigen Hoffnungen hüten müssen."

Dieser Satz als das Resumé einer exakten naturwissenschaftlichen Forschung ENDERLENs ist auch heute und an dieser Stelle noch aktuell.

Literatur

Sämtliche Publikationen von Prof. E. ENDERLEN wurden durchgesehen und werden hier nicht gesondert angegeben. Ferner werden die meisten wissenschaftlichen Arbeiten von der ENDERLENschen Ära bis zum jetzigen Zeitpunkt nicht angeführt, da die Literaturübersicht zu groß ist und zu viel

Raum einnehmen würde. Angeführt wird nur die Literatur, die nicht rein medizinisch ist.

1. ANDINA, F.: Biologie der Transplantation in Forschung und Klinik. Langenbecks Arch. klin. Chir. 292, 783—797 (1959).
2. BAUER, K. H.: Über Fortschritte der Naturwissenschaften und Technik aus der Sicht eines Klinikers. Univ. (Z. Wiss., Kunst u. Literatur) 13, 1121 (1958).
3. BAUERMEISTER, A.: Zur unterschiedlichen Gewebefreundlichkeit verschiedener Knochentransplantate. Langenbecks Arch. klin. Chir. 292, 828—830 (1959).
4. BUDRAS, W.: Zur Konservierung der menschlichen Haut. Langenbecks Arch. klin. Chir. 292, 810—814 (1959).
5. DIEPGEN, P.: Geschichte der Medizin, Bd. I—V. Berlin u. Leipzig: W. de Gruyter & Co. 1928.
6. FRIEDELL, E.: Kulturgeschichte der Neuzeit, Bd. III. München: Beck 1954.
7. FRITZ-NIGGLI, H.: Die Organisation des Lebendigen. Univ. (Z. Wiss., Kunst u. Literatur) 16, 61 (1961).
8. GRUNERT, H. H.: Transplantation, vorwiegend physikalisch-chemisch betrachtet. Zbl. Chir. 86, 1979—1989 (1961).
9. JASPERS, K.: Wahrheit und Wissenschaft. Univ. (Z. Wiss., Kunst u. Literatur) 16, 913 (1961).
10. LUTZEYER, W.: Die Entwicklung der Bluttransfusion und ihre Bedeutung für die moderne Chirurgie. Ärztl. Wschr. 11, 97—100 (1956).
11. MÜLLER, A.: Wandlung im naturwissenschaftlichen Weltbild unserer Zeit. Univ. (Z. Wiss., Kunst u. Literatur) 17, 663 (1962).
12. MÜLLER, H.: Das Experiment als Mittel zur Erforschung der Natur. Univ. (Z. Wiss., Kunst u. Literatur) 15, 431 (1960).
13. PASCHOLD, K.: Über den Ersatz großer Gefäße mit alloplastischem Material. Langenbecks Arch. klin. Chir. 292, 853—856 (1959).
14. PATAT, F.: Die Welt der Kunststoffe. Univ. (Z. Wiss., Kunst u. Literatur) 14, 1187 (1959).
15. RUSSELL, B.: Wissenschaft wandelt das Leben. München: Paul List 1953.
16. SCHMIDT, H.: Über die Immunologie bei der Transplantation. Langenbecks Arch. klin. Chir. 292, 800—806 (1959).
17. STÖRIG, H. J.: Kleine Weltgeschichte der Philosophie. Stuttgart: Kohlhammer 1952.
18. Stuttgarter Zeitung v. 3. 4. 1959: Das Tier mit den zwei Köpfen. Eine Umfrage der Stuttgarter Zeitung zu den Organtransplantationen des russischen Chirurgen DEMICHOW.
19. UEBERMUTH, H.: Über Organtransplantationen. Münch. med. Wschr. 101, 529—531 (1959).
20. WANKE, R.: Verpflanzung von Geweben und Organen. Univ. (Z. Wiss., Kunst u. Literatur) 15, 1075 (1960).
21. WEIZSÄCKER, C. F. v.: Die Wissenschaft und die moderne Welt. Univ. (Z. Wiss., Kunst u. Literatur) 17, 1041 (1962).
22. WOLSTENHOLME, G. E. W., and M. P. CAMERON: Transplantation (Ciba-Foundation). London: J. A. Churchill Ltd. 1962.

Veröffentlichungen von Eugen Enderlen

ENDERLEN, EUGEN: Über den Durchtritt der Milzbrandsporen durch die intakte Lungenoberfläche des Schafes. Dtsch. Z. Tiermed. 15, 50—56 (1889).
— Über Sehnenregeneration. Langenbecks Arch. klin. Chir. 46, 563—599 (1893).
— Über Stichverletzungen des Rückenmarkes, experimentelle und klinische Untersuchungen. Dtsch. Z. Chir. 40, 201—294 (1895).
— Beitrag zur Nierenchirurgie. Dtsch. Z. Chir. 41, 208—219 (1895).
— Klinische und experimentelle Studien zur Frage der Torsion des Hodens. Dtsch. Z. Chir. 43, 177—186 (1896).
— Ein Beitrag zur Ureterchirurgie. Dtsch. Z. Chir. 43, 323—328 (1896).
— Ein Beitrag zur Lehre von den Frakturen der Lendenwirbelsäule, mit besonderer Berücksichtigung der operativen Behandlung. Dtsch. Z. Chir. 43, 329—411 (1896).
— Histologische Untersuchungen über die Einheilung von Pfropfungen nach Thiersch und Krause. Dtsch. Z. Chir. 45, 453—505 (1897).
— Über die Anheilung getrockneter und feucht aufbewahrter Hautläppchen. Dtsch. Z. Chir. 48, 1—22 (1898).
— Untersuchungen über die Transplantation der Schilddrüse in die Bauchhöhle von Katzen und Hunden. Mitt. Grenzgeb. Med. Chir. 3, 474—531 (1899).
— Zur Reimplantation des resezierten Intermediärknorpels beim Kaninchen. Dtsch. Z. Chir. 51, 574—598 (1899).
— Histologische Untersuchungen bei experimentell erzeugter Osteomyelitis. Dtsch. Z. Chir. 52, 507—540 (1899).
— Über die Transplantation des Netzes auf Blasendefekte. Dtsch. Z. Chir. 55, 50—66 (1900).
— Über die Deckung von Magendefekten durch transplantiertes Netz. Dtsch. Z. Chir. 55, 183—197 (1900).
— Experimentelle Harnblasenplastik. Dtsch. Z. Chir. 55, 419—442 (1900).
— u. HESS: Über Antiperistaltik. Dtsch. Z. Chir. 59, 240—253 (1901).
— u. JUSTI: Über die Heilung von Wunden der Gallenblase und die Deckung von Defekten der Gallenblase durch transplantiertes Netz. Dtsch. Z. Chir. 61, 235—259 (1901).
— Ein Beitrag zur Chirurgie des hinteren Mediastinum. Dtsch. Z. Chir. 61, 441—495 (1901).
— u. JUSTI: Beiträge zur Kenntnis der UNNAschen Plasmazellen. Dtsch. Z. Chir. 62, 82—131 (1902).

ENDERLEN, EUGEN, JUSTI u. KUTSCHER: Ein Beitrag zur Darmausschaltung. Mitt. Grenzgeb. Med. Chir. 10, H. 3 u. 4.
— Zur Behandlung der Perforationen und Zerreißung der Gallenblase. Münch. med. Wschr. 1903, 507—508.
— u. WALBAUM: Ein Beitrag zur Einpflanzung der Ureteren in den Darm. Beitr. path. Anat. 61—89 (1903).
— Invagination der vorderen Magenwand in den Oesophagus. Dtsch. Z. Chir. 69, 60—66 (1903).
— Blasenektopie. Wiesbaden: J. F. Bergmann 1904.
— Ein Beitrag zur temporären Aufklappung beider Oberkiefer nach Kocher. Dtsch. Z. Chir. 74, 517—526 (1904).
— u. ZUMSTEIN: Ein Beitrag zur Hepato-Cholangio-Enterostomie und zur Anatomie der Gallengänge. Mitt. Grenzgeb. Med. Chir. 14, 104—119 (1905).
— Ein Beitrag zum traumatischen extraduralen Hämatom. Dtsch. Z. Chir. 85, 165—198 (1906).
— u. GASSER: Stereoskopbilder zur Lehre von den Hernien. Jena: Gustav Fischer 1906.
— Über Jod-Benzindesinfektion. Münch. med. Wschr. 1907, 38.
— Ein Beitrag zur idealen Operation des arteriellen Aneurysma. Münch. med. Wschr. 1908, 1581—1582.
— Über Blasenektopie. Ergebn. Chir. u. Orthop. Z. u. Samml klin. Vortr. 472/473, 171—211 (1908).
— u. BORST: Über Transplantation von Gefäßen und ganzen Organen. Dtsch. Z. Chir. 99, 54—163 (1909).
— Ein Beitrag zur operativen Behandlung der Serratuslähmung. Dtsch. Z. Chir. 101, 516—521 (1909).
— u. BORST: Beiträge zur Gefäßchirurgie und zur Organtransplantation. Münch. med. Wschr. 1910, 1865—1871.
— Diagnose und Therapie des Kropfes. Dtsch. med. Wschr. 1910, 2033—2037.
— HOTZ u. FLÖRCKEN: Über Parabioseversuche durch direkte Gefäßvereinigung. Bruns' Beitr. klin. Chir. 70, 1—19 (1910).
— Transplantation. Dtsch. med. Wschr. 1911, 2264—2268.
— u. HOTZ: Über die Resorption bei Ileus und Appendicitis. Mitt. Grenzgeb. Med. Chir. 23, 755—864 (1911).
— Methodik und praktische Bedeutung der Transplantation. Z. ärztl. Fortbild. 24 (1912).
— mit HOTZ: Die Pathogenese und Therapie des Pfortaderverschlusses. Z. ges. exp. Med. 2, (1913).
— Über Schußverletzungen des Darmes. Münch. med. Wschr. 1914, 2145.
— mit HOTZ u. PORZELT: Die totale Oesophagusplastik. Z. ges. exp. Med. 3 (1914).
—, u. M. B. SCHMIDT: Über Transplantation von Leichenknochen. Verh. dtsch. path. Ges. 17, 314—320 (1914).
— u. SAUERBRUCH: Die operative Behandlung der Darmschüsse im Kriege. Med. Klin. 1915, 823—828.

ENDERLEN, EUGEN, u. KNAUER: Zur Nervenpfropfung. Münch. med. Wschr. **1915**, 1692.
— Schädelschüsse. Bruns' Beitr. klin. Chir. **96**, 467—473 (1915).
— Erfahrungen eines beratenden Chirurgen. Bruns' Beitr. klin. Chir. **98**, 419—425 (1916).
— u. LOBENHOFFER: Zur Überbrückung von Nervendefekten. Münch. med. Wschr. **1917**, 225.
— Ein Beitrag zur Nervennaht. Dtsch. med. Wschr. **1917**, 1384—1385.
— u. HOTZ: Beiträge zur Anatomie der Struma und zur Kropfoperation. Z. angew. Anat. **3**, 57—79 (1920).
— u. JUSTI: Zur Technik der intraarteriellen Injektionen bei Gehirnerkrankungen und zur Anatomie der Arteria vertebralis. Dtsch. Z. Chir. **154**, 214—235 (1920).
— u. HOTZ: Zur Technik der Kropfoperation. Zbl. Chir. **45**, 1365—1366 (1920).
— Bemerkungen zu den beiden Aufsätzen von A. Neudörfer: Zur Behandlung des Volvulus der Flexura sigmoidea [Zbl. Chir. Nr 48 (1920)], und Wie kann man sich die Operation des Wolfsrachens erleichtern? [Zbl. Chir. Nr 50 (1920)]. Zbl. Chir. Nr 7, 218 (1921).
— Über Hodentransplantation beim Menschen. Med. Klin. **1921**, 1439—1442.
— Über den Kropf. Klin. Wschr. **1922**, 457—461.
— u. HITZLER: Über Kropfrezidive. Bruns' Beitr. klin. Chir. **127**, 526—536 (1922).
— u. v. REDWITZ: Zur operativen Behandlung des chronischen Magengeschwürs. Münch. med. Wschr. **1922**, 1683—1687.
— u. KNAUER: Die pathologische Physiologie der Hirnerschütterung nebst Bemerkungen über verwandte Zustände. J. Psychol. Neurol. (Lpz.) **29**, 1—54 (1922).
— u. v. REDWITZ: Die Schußverletzungen des Magen-Darmkanals. Handbuch der ärztlichen Erfahrungen im Weltkrieg 1914/18. Leipzig: Johann Ambrosius Barth 1922.
— Zur Frage der zweizeitigen Pylorusresektion bei vorgeschrittenem Magencarcinom. Zbl. Chir. **50**, 898—899 (1923).
— Zur Mitteilung von Herrn SEITZ: Zur Frage der Stumpfversorgung nach Cholecystektomie (Zbl. Chir. **1923**, Nr 18). Zbl. Chir. **30**, 1172 (1923).
— FREUDENBERG u. v. REDWTZ: Experimentelle Untersuchungen über die Änderung der Verdauung nach Magen-Darmoperationen. Z. ges. exp. Med. **32**, 41—97 (1923); — Klin. Wschr. **1923**, 210—211.
— Indikation und Ausführung der Gallensteinoperation. Langenbecks Arch. klin. Chir. **126**, 264—283 (1923).
KAPPIS, ENDERLEN, KREHL, AUSCHÜTZ, MORAWITZ u. VOIT: Die Frühoperation der Gallensteine. Med. Klin. **1924**, 1763—1766.
— u. BOHNENKAMP: Über das Fehlen der Übertragbarkeit der Herznervenwirkung bei Gefäßparabiose an Hunden. Z. ges. exp. Med. **41**, 723—730 (1924).
— Über das Empyem des Ureterstumpfes. Dtsch. Z. Chir. **189**, 19—23 (1924).

ENDERLEN, EUGEN: Eröffnungsrede auf der 49. Tagung der Deutschen Gesellschaft für Chirurgie. Langenbecks Arch. klin. Chir. **138**, 3—11 (1925).
— Das Magen- und Duodenalgeschwür. Rev. méd. Hamburgo **6**, 389—396 (1925).
— Bemerkungen zu der Mitteilung von STEIGELMANN: Beitrag zur Forderung der erweiterten Mammacarcinomoperation [Zbl. Chir. **45**, (1925)]. Zbl. Chir. **53**, 720—721 (1926).
— Zur Behandlung des durchgebrochenen Magengeschwürs und zur Jejunostomie. Dtsch. med. Wschr. **1926**, 13—15.
— Bemerkungen zu der „rationellen Behandlung von Verbrennungen". Von Dr. G. FRATTIN [Zbl. Chir. (1926)]. Zbl. Chir. **53**, 721 (1926).
— Ulcus ventriculi et duodeni. Fortschr. Ther. 137—144 (1926).
— Tierexperimentelle Untersuchungen über doppelseitige Exstirpation des Ganglion stellatum. Zbl. Chir. **53**, 2598—2599 (1926).
— THONNHAUSER u. JENKE: Über die Herkunft der Gallensäuren. Klin. Wschr. **1926**, 2340—2341; — Naunyn-Schmiedeberg's Arch. exp. Path. Pharmak. **135**, 131—136 (1928).
— BLANCO u. GESSLER: Über Fieber nach Entfernung der Schilddrüse. Naunyn-Schmiedeberg's Arch. exp. Path. Pharmak. **132**, 195—197 (1927).
— u. BOHNENKAMP: Über die Denervierung von Herzen und ihre Folgen. Dtsch. Z. Chir. **200**, 129—140 (1927).
— u. EISMAYER: Die Denervierung von Herzen und ihre Folgen. Dtsch. Z. Chir. **206**, 5—7, (1927); **227**, 126—131 (1930).
— u. GESSLER: Die Bedeutung der Ganglia stellata für die Wärmeregulation. Dtsch. Z. Chir. **206**, 1—4 (1927).
— ZUKSCHWERDT u. FEUCHT: Über die Folgen der Einleitung des Harnes in die Blutbahn. Münch. med. Wschr. **1928**, 30—31.
— Ein kleiner Beitrag zur Resektion des Carcinoms im Bereich des Colon descendens. Schweiz. med. Wschr. **1928**, 569—570.
— Die „eisenharte" Struma. Wien. med. Wschr. **1929**, 520—522.
— GLATZEL u. PU: Eiweiß- und Energiehaushalt im Pankreasdiabetes des Hundes. Naunyn-Schmiedeberg's Arch. exp. Path. Pharmak. **139**, 20—31 (1929).
— Lothar Heidenhain (zu seinem 70. Geburtstag). Münch. med. Wschr. **77**, 1554—1555 (1930).
— Zur Geschichte der Gastrectomia totalis. Zbl. Chir. 954—955 (1931).
— Heinrich Helferich. Zu seinem 80. Geburtstag. Chirurg **3**, 289—291 (1931).
— Die Behandlung des gangränösen Darmes bei der Operation eingeklemmter Hernien. Chirurg **3**, 68 (1931).
— u. ZUKSCHWERDT: Die Erregung der Magensaftsekretion nach Resektion des Antrum-Pylorusanteils des Magens. Dtsch. Z. Chir. **232**, 290—298 (1931).
— Zur Technik der Operation des Kropfes. Chirurg **4**, 293—300 (1932).
— u. ZUKSCHWERDT: Über die Bildung des kleinen Magens nach Pawlow. Chirurg **4**, 249—254 (1932).
— Cholecysto-Gastrostomie. Dtsch. Z. Chir. **234**, 787—790 (1931).

ENDERLEN, EUGEN: Zu dem Aufsatz von ED. BIRT: Beitrag zur Behandlung der Bauchschüsse. Zbl. Chir. 1520—1521 (1933).
— Zu der Mitteilung über die Beeinflußbarkeit der „Hämophilie" durch Ovarialhormone von H. V. SAMSON-HIMMELSTJERNA. Zbl. Chir. 2021 (1933).
— u. ZUKSCHWERDT: Die chirurgische Behandlung des peptischen Geschwürs. Chirurg 5, 849—862 (1933).
— Zu dem Aufsatz von BEHREND: Zur operativen und radiotherapeutischen Behandlung der Krebse. Zbl. Chir. 2021—2022 (1933).
— Über die Indikation zur Frühoperation. Schweiz. med. Wschr. **1934**, Nr 27.
— Operation der Carotisdrüsengeschwülste. Zbl. Chir. Nr 46, 2530—2531 (1938).

Zusätzliche Referate oder Diskussionsbemerkungen von Eugen Enderlen im Zentralblatt für Chirurgie

Beilage zu „Über das Verhalten elastischer Fasern in Hautpfropfungen". H. 28, S. 7, 1897.
Beilage zu H. 27, S. 78, 1904 — Demonstration eines Beckens mit vielfachen Hernien.
Beilage zu H. 27, S. 133, 1904 — Experimentelle und histologische Untersuchungen über Hydronephrose und deren Behandlung.
Demonstration eines Präparates von Magenoesophagusanastomose. S. 92, 1913.
Experimente zur Oesophaguschirurgie. S. 1175, 1913.
Methodik und praktische Bedeutung der Transplantation. S. 1452, 1913.
Basedow und Thymus. S. 333, 1914.
Diskussionsbemerkung über Kropfoperation. S. 752, 1921.
Diskussionsbemerkung zur Mastdarmkarzinomoperation. S. 1880, 1921.
Diskussionsbemerkung über epigastrische Hernien. S. 807, 1922.
Diskussionsbemerkung über totale Blasenexstirpation wegen Carcinoms. S. 1529, 1922.
Zur Überbrückung von Choledochusdefekten. S. 759, 1923.
Diskussionsbemerkung zur Frage der Chlorzinkätzung. S. 1013, 1926.
Diskussionsbemerkung zu: HERMANNSDORFER: Zur Kritik der Asthmaoperationen. S. 2473, 1927.
Neurinom der Wirbelsäule. S. 32, 1929.
Über Cardiospasmusoperationen. S. 1305, 1929.
Über retroperitoneales Haematom. S. 793, 1930.
Jodvorbehandlung des Basedow. S. 2205, 1930.
Über das sogenannte amerikanische Kropfoperationsverfahren. S. 1463, 1931.
Bestrahlung maligner Tumoren und Wundheilung. S. 2644, 1931.

SONDERDRUCK AUS
EUGEN ENDERLEN 1863—1963
HERAUSGEGEBEN VON W. WACHSMUTH, WÜRZBURG

SPRINGER-VERLAG / BERLIN · GÖTTINGEN · HEIDELBERG 1963
PRINTED IN GERMANY

EUGEN ENDERLEN
WERK UND PERSÖNLICHKEIT

VON

W. WACHSMUTH, WÜRZBURG

SONDERDRUCK AUS
EUGEN ENDERLEN 1863 — 1963
HERAUSGEGEBEN VON W. WACHSMUTH, WÜRZBURG

SPRINGER-VERLAG / BERLIN · GÖTTINGEN · HEIDELBERG 1963
PRINTED IN GERMANY

ENDERLENS BEITRAG ZUR PATHOPHYSIOLOGIE UND CHIRURGIE DES MAGENS

VON

R. NISSEN, BASEL

SONDERDRUCK AUS
EUGEN ENDERLEN 1863 — 1963
HERAUSGEGEBEN VON W. WACHSMUTH, WÜRZBURG

SPRINGER-VERLAG / BERLIN · GÖTTINGEN · HEIDELBERG 1963
PRINTED IN GERMANY

DIE BEDEUTUNG
DER FORSCHUNG EUGEN ENDERLENS
FÜR DIE ENTWICKLUNG DER KROPFCHIRURGIE

VON

L. ZUKSCHWERDT, HAMBURG

SONDERDRUCK AUS
EUGEN ENDERLEN 1863—1963
HERAUSGEGEBEN VON W. WACHSMUTH, WÜRZBURG

SPRINGER-VERLAG / BERLIN · GÖTTINGEN · HEIDELBERG 1963
PRINTED IN GERMANY

ENDERLENS EXPERIMENTELLE CHIRURGIE ALS GRUNDLAGE DER MODERNEN TRANSPLANTATION

VON

W. LUTZEYER, AACHEN

MIX
Papier aus verantwortungsvollen Quellen
Paper from responsible sources
FSC® C105338

If you have any concerns about our products,
you can contact us on
ProductSafety@springernature.com

In case Publisher is established outside the EU,
the EU authorized representative is:
**Springer Nature Customer Service Center GmbH
Europaplatz 3, 69115 Heidelberg, Germany**

Printed by Libri Plureos GmbH
in Hamburg, Germany